你很热爱生活别再不承认了

魏文翼 —— 著

中国致公出版社
China Zhigong Press

图书在版编目（CIP）数据

你很热爱生活，别再不承认了 / 魏文翼著 . —— 北京：
中国致公出版社，2018

ISBN 978-7-5145-1209-0

Ⅰ . ①你… Ⅱ . ①魏… Ⅲ . ①成功心理 - 通俗读物
Ⅳ . ① B848.4-49

中国版本图书馆 CIP 数据核字（2018）第 226910 号

你很热爱生活，别再不承认了

魏文翼　著

责任编辑：孙兴冉

责任印制：岳　珍

出版发行：　中国致公出版社 China Zhigong Press

地　　址：北京市海淀区翠微路 2 号院科贸楼

邮　　编：100036

电　　话：010-85869872（发行部）

经　　销：全国新华书店

印　　刷：天津翔远印刷有限公司

开　　本：880 毫米 ×1230 毫米　1/32

印　　张：8.25

字　　数：135 千字

版　　次：2018 年 12 月第 1 版　　2018 年 12 月第 1 次印刷

定　　价：39.80 元

目 录

Chapter 1

世界不会因为你年轻就手下留情

Chapter 2

最怕你什么都不做，还骗自己根本不想要

Chapter 3

一辈子太长，要和聊得来的人在一起

Chapter 4

你不必高人一等，但一定要与众不同

Chapter 5

永远不要失去做一个好人的觉悟

Chapter 6

如何与人相处，决定了你未来的人生层次

Chapter / **1**

世界不会因为你年轻
就手下留情

你所谓的稳定，可能是稳定地穷着

01_

有次饭局，一位老同学对我大发感慨。

他说，他目前在体制内就业，干着一份特别不喜欢的工作，每天朝九晚五，尽是瞎忙，几年下来，除了工龄涨了，也不知道到底收获了些什么。老同学说他想辞职去创业，但又害怕失败，担心丢掉现在这份"稳定而有保障"的工作。

他觉得自己这辈子也就这样了，到了差不多的年纪就结婚生子，然后庸庸碌碌地过完这一生，生活过得不算太好，也不至于太差。

我特别能理解老同学的这些感慨。他的感慨，是对当下生活现状的无奈与不满。明知这不是他想要的人生，却又提不起斗志和勇气放弃现有的一切，只因为他不敢承受未来出现的种种风险。

02_

我的一个朋友丁丁和朋友开了一家网店，凭着自己的努力，年纪轻轻就买了车,还在市中心按揭买了一套商品房。可丁丁的身边总是不乏这种声音:"女孩子太要强不好,找个男人嫁了不也挺好吗,这么拼到底为了什么?"

记得一次和丁丁聊起这个话题,她说:"女孩子独立点怎么了?我努力挣钱,买得起自己想买的东西,自己的物质需求自己完全能解决,难道我错了吗?"

丁丁跟我说了一个她身边姐妹的故事:她那个姐妹年轻时嫁了一个有钱人,婚后做起了全职主妇。她最近偶然发现丈夫有了外遇,感到憋屈、愤怒、不安,却又无力改变这一切,更不敢向丈夫提出离婚。如今的她没有任何职业技能,去哪儿应聘都没人要,要是离开了丈夫,连生存下去都成问题。

所以丁丁觉得,依靠男人的话,她随时可能会拿走你的"所有东西"。想过上自己想要的生活,只能靠自己的双手去创造。只有将财政大权牢牢地掌控在自己手里,才不会受制于人,也只有这样才会让自己分外安心。

在微博上经常看到一句话:"只有不努力的女人才觉得婚姻是必然的。"

我对这句话的理解更深刻一些——女人若不努力,连选择婚姻的权利都没有。世间有多少女人将自己的人生嫁给了物质,又有多少女人婚后落于家庭生活的一地鸡毛——太多太多了,数也数不清。她们自身的价值,只有在婚姻中才能体现出来,结婚嫁人在她们的价值观中是唯一改变生活现状的出路。

而如今社会，涌现出来众多经济独立的女强人，只因她们懂得：靠男人，永远不如靠自己。

03_

我有个同事K先生，是个拼劲十足的人。每天加班至深夜，有时候甚至会直接睡在公司彻夜不归。

平时同事们下班后相约去打麻将唱歌，都会顺便喊K先生一起去，可他每次都是笑着拒绝。因为从来不参加同事聚会，K先生一度被大家当作异类。

有一次我们一起吃饭，K先生说起了他的故事。他小时候家里很穷，父母经常为了一日三餐而发愁。有一年临近开学，因为迟迟凑不够学费，母亲就带着他到叔叔家去借钱。进门还没说上两句，母子俩就遭到了叔叔一家人无情的数落。

离开叔叔家以后，K先生就暗暗发誓，以后一定要出人头地。

工作以来，K先生几乎放弃了自己所有的娱乐时间，将时间和精力全都花在了钻研业务上面，只为了能多拿下几个单子。每次月底发了工资，他总是会在第一时间把钱给父母转过去。通过这几年的努力，家里的生活水平得到了很大改善。

K先生说，他一辈子都忘不了叔叔婶婶那一副嫌弃的嘴脸。为了让父母不再因为没钱而遭受别人的白眼，为了让父母不再过那种连温饱都保证不了的生活，他必须加倍努力。

后来公司因为业务发展需要，在外地设立了分部。K先生因业绩优秀，被派往分公司任总经理，过上了年薪百万的生活。

04_

曾经在知乎上看过一个这样的问答："你为了什么才这么努力？"

其中有一个回答深得我心：

为了喝酸奶不用舔瓶盖，吃薯片不舔手指，吃方便面不喝汤，喝星巴克不自拍，吃益达也敢三粒一起嚼，说走就走的旅行。

总之，就是为了那种自由自在的生活。

你付出过多少努力，就能获得生活多少奖赏。而更多时候，我们所羡慕的，是别人的生活，羡慕他们可以升职加薪、买房买车、环游世界，过着"开挂"似的人生，同时感叹自己时运不济。

有句话说得好：运气是努力的附属品。如果实力没有经过原始积累，给你运气你也抓不住。上天给予每个人的都一样，但每个人的准备却不一样。不要羡慕那些总能撞大运的人，你必须有足够的原始积累，才能遇上好运气。

成年人的世界里从来没有"容易"二字，没有谁的生活是顺风顺水的。有些人表面看上去光鲜体面，但你知道他们是付出多少心血才换来的吗？

而你呢？甘愿停滞不前，遇到问题只会一味抱怨，你知不知道你这样错失了多少光阴和机会？

你所追求的稳定，可能只是稳定地穷着。

记住这句话——年轻时偷过的懒，岁月必会加倍奉还。

生活中，也只有那些勇于打破现状的人，才配得到更多。他们比谁都清楚自己想要的是什么，坚持和积累让他们成就了自己的鲜活人生，也因此过上了自己想要的人生。

让人变好的选择，都不会太舒服。在你还有能力选择自己想过的生活时，请不留遗憾地付出。你投入的每一分努力，都会变成漫天闪耀的星辰，指引你到达你想去的地方。

愿你前路平坦，隧道尽头是光明。

放眼望去，都是未来。

你努力合群的样子，真的好孤独

*01_*

一位读者给我留言，说了一些她在人际交往中所遭遇的困扰。

她是个外地姑娘，来到这座城市之后，每天下班后都会一个人去咖啡馆喝杯咖啡，静静地坐在角落翻几页书，然后回家敷个面膜，早早上床睡个美容觉。那时候的她，一个人逛街，一个人看电影，一个人吃饭，一个人睡觉，这种平静安然的生活让她感到欣喜。

有一次，朋友对她说："你经常这样一个人独来独往，很容易没朋友的。以后多和我们出去混圈子，认识一些不同行业的人，才能更好立足社会。"

听了朋友的建议之后，姑娘毫不犹豫答应了，想着自己有机会去多认识一些朋友，也不是坏事。

几次聚会下来，姑娘结识了些喜欢喝酒泡吧的朋友。每天晚上兜兜转转于各种夜场，吃完夜宵回到家里已是凌晨三四点了，眯着眼睡上个把小时就要起床洗漱，带着俩黑眼圈去上班。

她坦言自己并不喜欢这种生活，却担心因为自己的拒绝，而与身边仅有的几个朋友疏远了关系，一想到这样的结果她就感觉难受。

我特别理解这位姑娘的窘境：在意别人的眼光，努力让自己融入群体，好让自己看起来并不孤单，明明不想迎合，却还是强颜欢笑，看起来一点儿都不讨喜。

有句话说得好：孤独从来就不会毁掉一个人；强迫自己融入一个不适合自己的圈子，佯装自己不孤独才会毁掉一个人。

02_

几年前，文友H打电话给我，邀我去一个作家前辈和编辑的饭局，去时朋友语重心长地对我说："多认识一些圈子里的人，对你的写作会有所帮助。"

抱着与前辈交流写作心得的目的，我赴约了。饭局上，一桌人都在插科打诨，相互恭维，压根儿就没有讨论到有关写作的事情。

见我的话并不多，H小声示意我要多说些话，让我在前辈们面前表现积极些，争取多发表几篇文章。他说自己当初发表的第一篇文章，就是仰赖在场前辈的关照，说着就毕恭毕敬地给他们每一个人都敬了酒。面对此情此景，我只能无奈一笑。

之前，我就一直奇怪他写的文章连基本措辞都成问题，却常见于书报杂志，原来是这么发表的。

后来，他又多次邀我去差不多性质的饭局，都被我婉拒了。

时至今日，我也没有向 H "学习" 过，但陆续也在一些杂志上发表了作品，个人公众号上写的文章也时常被别的公众号转载。

其实，与其一味地让自己融入群体，取悦他人，还不如把时间用在提升和打磨自己的专业技能上面，持续地输出作品，让更多的人从自己的文字当中找到共鸣并且喜爱它，这也是我写作的动力。

03_

人到底应不应该合群？

我见过很多年轻人打着扩展人脉的旗号，热衷于参与各种社交聚会，逢人就交换名片，又或是互换手机号码、添加对方微信好友。

然而，要知道，在你没有获得与之匹配的能力之前，这种在社交场合中积累的人脉，90%以上都不会再有后续联系。你认为自己辛辛苦苦积攒的人脉，其实并没有实质意义。

我们活在这个社会上，并不能脱离群体而生存，适当地融入群体，是我们与身边人达成交流、获取信息的一种途径。而在此过程中，也要选择一个适合自己的群体，它带给你的应该是进步与提升，而不是一种身心的损耗。若是过度沉迷于群体游戏，在随波逐流与盲目跟风中丢失了原本的自己，最终被同化成平庸之辈，实际上并不明智。

04_

看某期《鲁豫有约》，锤子科技的 CEO 罗永浩在接受采访时承认，他有轻微的社交恐惧症，所以不太愿意参加各类社交聚会，他说强迫自己参加的那个过程会很难受。

近年来，他凭着一股不服输的干劲，逐渐在手机界崭露头角，获得了越来越多人的认可。他用自身的经历告诉我们："努力做好自己，远比迎合他人更重要。"

很多时候，我们在一些公众场合里，总能看到几个静默的身影。他们含蓄内敛，行为拘谨，习惯低头刷着朋友圈，沉浸在一个人的世界里，遇上对答，也只是以"哦""是的""对啊"这类简单的语句应付着，在人群之中显得格格不入。

或许他们并不擅长社交，不会自如地说各种假大空的场面话，然而，正是他们身上那股敏感细腻的特质，让他们显得格外与众不同。

捍卫自己真实的模样，不必削足适履般讨好他人，不必用融入群体这种方式来获取存在感，保持独特的气质与内心的丰盈，在别人眼中，反而有着另一种特别的魅力。

愿你初心不改，拥有独立的思想和灵魂，按照自己喜欢的方式生活，而不需要通过努力地合群来证明自己的价值。

掌控不了身材，你还能掌控什么

01_

前几天参加一个老友聚会，几个女生围成一圈，叽叽喳喳地讨论着减肥的问题。

"我的腿又粗了好多，穿起裙子来难看死了。"

"你的腰型好瘦，怎么减下来的？"

"最近我用的那个水果食谱还蛮有效的，一会儿推给你们啊。"

如何让自己瘦下来，是女孩子之间永恒的话题，她们每个人都想寻一条减肥瘦身路上的捷径。

最近微信里，越来越多的朋友把头像换成了不瘦十斤不换头像的图片，一股瘦身之风在朋友圈里悄然蔓延。

据我所知，嚷嚷着要减肥的人很多，但是能够踏踏实实坚持下来的却很少。

他们一方面憎恨堆积在身上的肥肉，迫切地希望把体重减下来，另一方面又管不住自己的嘴巴，总无法抗拒那些诱人的美食。

明知道身体肥胖对健康不好，却永远狠不下心控制饮食和坚持锻炼，这就是现代人的习惯与常态。

02_

之前，我身边的一个胖子朋友对我说："我要减脂增肌，想去办张健身卡，可是却缺个伴儿。"

于是，我顺理成章地成了那个陪他健身的伙伴，和他一同办了张健身卡，每天下班以后相约去上动感单车课程，在跑步机上慢跑半个小时，再做几组平板支撑。

这种状态还没有维持几天，他就再也坚持不下去了。

我这个朋友，做什么事情都是三分钟热度，就连工作在这几年里也换了好多次了。谈了好几次恋爱，身边到现在也没有一个固定的对象。他自己也承认，自控力非常差，很难专注而持久地做好一件事情。

"所有的动力都来自内心的沸腾"，无论是搞好人际关系，还是寻找爱人，抑或是减肥，如果你做不好，那是因为你没有真正想去做。

原本和他一起办卡的我，却依然坚持着健身，一个月下来，倒是我减重了五斤。

健身不但让我保持了正常体重，最重要的是培养了我的自律意识，对我的工作以及生活都产生了巨大的影响。

03_

我认识一个叫球球的姑娘，她一直保持着健康匀称的身材，衣着、穿戴也很有品位。

有一次我跟球球聊天，谈论起她的好身材。她说，以前念大学的时候，自己的身材臃肿不堪。当时她也不大注重形象，每天躲在宿舍里啃薯片追剧，几乎从不出门运动，可想而知体重自然是直线飙升。

那时的球球在校外还有个男朋友，每逢周末都会来学校找她玩。后来，他们见面的频率越来越低，直到她从朋友口中得知男友另觅新欢。

球球发信息质问男朋友。她永远忘不了男朋友的回复："我当然会选择她，因为她不仅比你瘦，还比你美。"

这句话彻底伤透了她的心。她从来没有想到，最后与自己不离不弃的不是爱情，而是腰间的赘肉。

球球恨自己不争气，把男朋友拱手让给了别人。男朋友的这句话，激起了她要把体重减下来的强烈欲望。她给自己制订了一大堆减肥计划，发誓一定要成功瘦下来。

04_

每次和朋友外出吃饭，她们总是当着球球的面毫无节制地享受各种高热量的美食，然后对她说，你戒这戒那的，活着多没意思啊，只有吃饱了才有力气减肥啊！

球球只是笑笑，并没有回答，她深知若是要减肥，就必须严格控制饮食，否则即便是把体重减下来了，也会反弹。

这几年来，球球的饮食大多以蔬菜与水果为主。无论平日里多忙，她都会抽出一些时间来练习瑜伽或跑步。从来没有人督促她，靠的全是自觉。

当这种坚持成为一种习惯，其实并没有想象中那么艰难。她努力瘦身，不光是为了让自己的身材配得上那些好看的衣服，还有一个更大的原因，就是为了某天突然在路上偶遇前任时，让他看见自己又瘦又美的样子。

这或许就是对前任最好的"报复"：变得愈发漂亮出众，让自己过得比从前更好，让他觉得失去了你是他最大的损失。

因为长期的规律饮食和运动，球球的气色非常棒，皮肤也白皙红嫩，看起来比实际年龄还要年轻几岁。如今的球球成了一名瑜伽老师，追求她的人络绎不绝。她觉得女人只有对自己狠一点儿，才能体验到那种美好的人生。

05_

有人说，千万不要得罪那些减肥成功的人，他们都是疯子，什么事情都干得出来。

确实，但凡能把体重减下来的人，都有着那种不屈不挠的毅力，无论做什么事情，都必然会有所斩获。

通过一个人的身材，往往能看出他（她）的自我修养。大腹便便的人，在生活中多半缺乏自律意识。而始终保持着良好身材的人，在事业上也会有一番不错的成就。毕竟，只有能够控制体重的人，方能掌控人生。

美国前总统奥巴马每周至少会锻炼6天，每次锻炼45分钟，只有星期天时才会让自己休息。他每天早起后的第一件事，就是进健身房锻炼。

亚洲富豪李嘉诚每天也会抽出一个小时来打高尔夫，打高尔夫球已经成了他为数不多的爱好。他曾说过："人的健康如堤坝保养，刚发觉有渗漏时，只需很少力量便可堵塞漏洞；但倘不加理会，至决堤时才作补救，则纵使花费再多人力物力，亦未必能够挽回。"

减肥这件小事，不仅能够让你收获健康的体质和匀称的身材，最关键的是，在这过程中还能不断地强化你的自控力以及向上的心态，而这一切，足以改变你的整个人生。

"真正让人变好的选择，过程都不会很舒服。"你明知道躺在床上睡懒觉更舒服，但还是一早就起床；你明知道什么都不做比较轻松，但依旧选择追逐梦想。这就是生活，你必须坚持下去。

只要有心，没有什么能够阻挡你成为那个你想要成为的人。你若无意，任何借口都能成为你懒惰的理由。

请别再给自己的懒惰找借口了，何不就趁现在，给自己制订一套详尽的瘦身计划，有条不紊地执行下去，努力去重塑一个更好的自己。

瘦下来的你，定会看到一片更广阔的天地。

越没本事的人，越强调自尊

01_

朋友杏子说她最近心情很差，原因是被公司降薪调岗了。

杏子是公司的元老级员工，连续几个月职务考评不达标后，从主管降为专员，级别待遇和应届生没区别。公司里流言四起，不少同事在背后说闲话。职级薪水的巨大落差，让杏子感觉自尊被深深刺伤，每天上班都打不起精神，在同事面前更是抬不起头来。

杏子为自己的遭遇愤愤不平，不停地抱怨："我为公司打拼多年，公司怎么能这样对我？"

我安慰她，在职场打拼，没有人会一直顺风顺水，难免会有陷入低谷的时候，日后工作中有了良好表现，还是有机会再次被提拔的。

原以为听了我这番话，杏子可以就此释怀了，但两天后，她竟然主动辞职走人了。

像杏子这种"玻璃心"的员工，我这几年见过不少。

在职场中，我们都渴望得到他人的认同，一旦遭到外界否定或打击，就感觉自尊受损。这些人永远不懂得审视自身，总把一切问题归咎于公司的不公正对待，更有甚者会因放不下身段和面子，像杏子那样直接撂挑子走人。这种员工，即便跳槽到别的公司，问题依然存在，事业上通常也不会有太大的起色。

没有一份工作是轻松的。当你面对职场冷遇时，不应过分感到委屈和不甘。只有自身强大，你才配得到别人的尊重。

02_

前段时间，认识了一个粤式餐厅的店长，刘姗。有一次，跟她闲聊，她说起自己刚开始在餐厅打工的经历，让我佩服不已。

三年前，刘姗从乡下来到广州。文凭不高的她，应聘了一份餐厅服务员的工作。大家都习惯用粤语点餐，但她是外地人，经常在客人点餐时听错菜名，造成过不少误会，也因此被很多客人指责和谩骂。

当时她年轻气盛，满心委屈又无处宣泄，只能下班后躲在宿舍里哭。

为练好粤语，她特地买了台收音机，每天听粤语电台节目，勤加练习。一段时间下来，她的粤语发音越来越标准，工作时挨训的次数也越来越少。

当时，很多新人员工因工作没做好，又忍受不了客人的苛责，相继离职。她亲眼见过一个同事被客人指责了几句，一气之下把茶水泼到了客人的脸上。这个同事被领班拉到外面痛批了一顿，第二天就走了。

这些年来，新员工走了一批又一批，最后只有她坚持下来了。因表现突出，她今年被提拔为餐厅店长，一个人管理着一个12人的团队。

从事服务行业的这几年，她深知时刻掌控自己的情绪有多么重要。

无论受到何种委屈，都不要轻易地表现在脸上，这是一个成熟的职场人应该具备的素质。

03_

几年前，我在工作上遇到了难题，于是发微信向一个前辈请教。

消息发出去后，我攥着手机傻傻等了半天，最终也没等来回复。但我意外地发现，在这期间，这位前辈发了朋友圈。

那一刻，我深深地感到自己受到了怠慢和无视。我气急败坏地把我们两个的对话框全部删掉了，并在很长一段时间内没有跟他说话。

这也是很多职场新人的通病，一旦遭到拒绝，就心里难受，觉得自尊遭到践踏，再也抹不开面子去请教别人。究其原因，无非就是自尊心太强。

TED演讲《脆弱的力量》中指出："脆弱（Vulnerability）是耻辱和恐惧的根源。面对这些不舒服的情感，当你选择逃避的时候，你同时也失去了感知美好的能力。"

我们在生活中会遭遇无数挫折和烦恼，切忌轻易否定和麻痹自己，直视内心脆弱，真诚地接纳它，从而把这种脆弱转化成一种催人奋进的力量。

04_

《艺术人生》有一期采访了刘若英。

朱军问她："为什么你总能给人一种温和淡定、不急不躁的感觉，你在工作上遇上难题时也不会生气吗？"

刘若英回答："那是因为我知道，没有一种工作是不委屈的。"

出道前，刘若英做过著名音乐人陈升的助理。当时，她一手包揽了所有杂活儿，甚至还包括清洗厕所。另一个跟她轮班洗厕所的是她师弟，叫金城武。

电影《当幸福来敲门》有个片段，男主角克里斯在应聘一份股票经纪人的工作时，被面试官高声嘲讽道："如果有个人连衬衫都没穿，就跑来参加面试，你会怎么想？如果我最后还雇了这个人，你又会怎么想？"

只见他沉吟片刻，随后机智地回应道："那他穿的裤子一定十分考究。"

结果，克里斯如愿以偿地获得了这份工作。

如果当时克里斯在面对面试官的冷嘲热讽时，觉得有损自尊，转身愤而离去，那就意味着他将与这份工作无缘，日后也就不可能成为百万富翁。

一旦遭遇挫折与指责，就把其视作一场躲不开的灾难，脆弱而敏感，深陷于自怜自伤的状态之中，最终只会在自我完善的道路上停滞不前。

世界上没有一份工作是不委屈的。与其终日聚焦于失落的情绪，不如把精力专注于改变现状。

当你在职场上遭遇情绪问题时，首先要反思："是不是我做得不够好？我该如何更好地解决问题？"制定一个长期的目标和方向，集中精力去完成你所认为重要的事情。如果你终日纠结于一些无关紧要的琐事，那么你将难以专注地去解决实际存在的问题。认识到自身的不足，明白纰漏和不如意在工作中总是不可避免的，想办法逐一完善解决它们。在完善与解决的过程中，你将会得到一种踏实稳定的成就感。

学会屏蔽外界和情绪对我们的影响，即便面对各种讽刺和质疑，也要保持内心平和。只有培养具有深度而健全的人格，才能让自己有能力抵御职场上的一切动荡与伤害。

一个人能承受多大的委屈和压力，决定了他能走多远的路，以及能取得多大的成就。

人生漫漫征途，何必因为他人的几句狠话，就轻易缴械投降呢？

和靠谱的人在一起有多重要

*01_*

和一个文创企业的朋友阿德聊天。谈到最近公司招人时，阿德频频叹气，对我说："如今要找几个靠谱的人一起共事，实在是太不容易了！"

这几年来，阿德面试过不少的大学生。很多人在面试的时候把自己说得相当厉害，简历也是写得滴水不漏，可一旦办起事来，总是半路掉链子，能力水平一下子就能见分晓。

公司最近招了一个1995年出生的实习生。小姑娘学历好，人长得也不错，可做起事来丢三落四的。上周，她疏忽大意将合同上的金额打错了，幸亏发现及时，要不然真会给公司造成难以估量的经济损失。

他接着说："但有一点我们必须承认，现在的大学生都特别机灵，相比刚入社会还懵懵懂懂找不着北的我们而言，他们都特别清楚自己的方向在哪里。想要在他们之中找一个负责可靠的人，却相当不易。他们都只会站在自己的立场上思考问题，却不懂得一个基本的道理——专心负责的特质，才是成就一番事业的关键因素。每次把重要工作交给他们时，还得处处揪着心肝，千叮万嘱，生怕他们把事情办砸了。一旦工作出了差错，他们顶多只是挨几声骂，心情不爽了还可以换一家公司重新开始，而作为负责人的我，却必须替他们犯下的错承担相应的后果。"

阿德说，现在他在面试新员工的时候，再也不会把简历和能力放在首位了，而是更加注重对方的人品和职业素养。

02_

之前和晴子聊天，她说，当初之所以会喜欢上现在的男朋友，是因为他会说一大堆的贴心话来哄自己开心。

比如：

"听说《爱乐之城》这部电影的口碑不错，周末咱们去看吧。"

"公司楼下新开了家日料店，有空带你去吃。"

"改天送你一套YSL（圣罗兰）彩妆盒吧。"

"等我们结婚了，一定要去马尔代夫度蜜月。"

作为女生，听了这些话自然满怀欣喜，觉得自己有幸找了个真心爱我的人，能处处关心我。

可事实是，这些承诺往往拖到最后都没了下文。随着希望一次又一次的落空，晴子越来越失望，后来她不禁开始质疑男友对自己的感情是否真挚。

晴子说，男友在外面从来不会避嫌，有好几次甚至当着她的面和别的女生有亲密举动。每次问他时，他都会大言不惭地说，只是单纯的朋友关系，说是她想太多了。晴子还说，在男友身上她从来没有感觉到过安全感。

身边的朋友常对晴子说："你男朋友言行轻浮，给人感觉特别没谱儿，谈恋爱还好，不适合携手一生。"

后来，晴子的男友和别的女生暧昧到了"移情别恋"，晴子一气之下选择了与他分手。分手后，晴子满心后悔当初被男友的花言巧语蒙蔽了心智，也是这时候她才发现男友许过的承诺一个也没有兑现过。

没多久，晴子认识了一个男人，比她大5岁，是某国企的运营总监。这个男人并不会对晴子许什么山盟海誓，但他性格稳重，总能给予晴子无微不至的照顾，晴子的事情大都被他安排得井井有条，从来不会让她感到费心。

晴子内心隐隐觉得，这才是值得自己托付终身的人。

找一个可以信赖的恋人，你才不会患得患失，放心地把自己的一生完完整整地交给对方，与他谈一场舒服而没有顾虑的恋爱。

03_

所谓靠谱的人，就是凡事有交代，件件有着落，事事有回音。

记得去年负责一场活动，布置会场的时候发现活动幕布上的文字印刷有误，经询问才得知，是一个同事疏忽大意所致。那是一个政府性质的活动，公司对此次活动相当重视，开会时反复强调，绝不能在任何环节上出纰漏。

眼看活动迫在眉睫，我硬着头皮给一个有过业务往来的朋友打了电话，跟他说明了情况。对方对我说先别慌，随后，他找了一个印刷厂的朋友帮我们制作了加急件，并且在活动前一小时亲自开车过来把幕布送到了我手里。他的热心相助，解决了我的燃眉之急，活动最终顺利举行。

如今，虽然我们没有什么业务上的往来，但还是会经常一起喝茶聊天，保持着亲密友好的关系。

我们此生遇见的人这么多，那些对我们真诚且值得信赖的人会像一盏明灯，照亮我们脚下的路，让我们始终难以忘怀。

04_

我特别欣赏身边那些品行高尚的朋友和工作伙伴。他们以诚待人，做事实在，甚至不惜自己吃点亏，也会设身处地为对方考虑问题。跟他们在一起相处和共事时，你会觉得特别顺心和愉快。

靠谱的人就像是我们的生命之光。你不必担心因为他们的假仁假义、斤斤计较，而消耗自己大量的时间和精力成本。正是因为他们做事让人放心，所以才换来了别人的信赖和尊重。

对于生活中那些满嘴空话的人，我总是会本能地避而远之。他们所有的承诺和目标都仅仅停留在话语上，从来不会落实到行动。跟他们交往时，我总是难以分辨他们所说的话是否属实，深度的合作与交流更是无从谈起。

每个人的信任额度都是有限的，一旦被透支和浪费，便会落得个众叛亲离的下场。

为人处世，是否能够做到让别人信任和放心，实实在在地考验我们的修行。一个人靠不靠谱，决定了他能否收获人心，能得到多少机会，甚至会影响他一生的成败。

靠谱是一个人身上最重要的品质，愿你我都能拥有。

你的抱怨正在毁灭你

01_

珍妮是广告公司的平面设计，她经常向身边的朋友抱怨自己薪资低，事情又多，领导能力还不高。她天天嚷嚷着等找到了好的下家，就果断辞职走人。

主管每次给她安排活儿，她都要在心里絮絮叨叨半天；上班迟到被扣了工资，她就大骂公司制度不合理；团队临时要加班赶项目，她就不满地发朋友圈抱怨一番。

HR（人力资源部）找她深谈过好几次，提醒她不要把负面情绪带到工作中来，这样会给团队里其他同事造成极其恶劣的影响。珍妮口上答应着，可下次再遇上不顺心的事情时，依旧如故。

有一次，珍妮给客户发了一份设计方案。客户看过之后，明确表示不满意，要求珍妮推翻重做。珍妮觉得很委屈，随即向对方大吐苦水，说这份方案是自己苦苦熬了几个通宵才完成的，言语之间还埋怨客户不近人情。客户与她沟通无果，便将电话打到总经理那边去要求解约，一单几十万的生意就这么泡汤了。

对于这件事情，珍妮负有不可推卸的责任。没过多久，她就被公司劝退了。

自珍妮离职以后，同事们分外觉得舒心。能不舒心吗？身边少了一个喋喋不休的怨妇，耳根清净是必然的。

02_

我的一个长辈朋友骆哥，前段时间因投资生意失败，未婚妻悔婚。遭此打击，他几乎一蹶不振，每天流连酒吧，逢人便诉说自己的不幸。说到动情之处，骆哥甚至会声泪俱下，称自己对未婚妻深情专一，可她却在自己最艰难的时候离开了。

不少朋友刚开始还觉得骆哥挺可怜的，可是当他把自己的这段遭遇翻来覆去讲了很多遍之后，大家便感觉到了无趣，于是不自觉地疏远了他。

最近在某个社交场合，我遇到了骆哥的前任小奈。谈起骆哥，小奈轻叹一口气，说："也许他一直认为，我之所以选择离开他，是嫌他穷，其实并不然。"

小奈继续说："在骆哥生意失败后的那段时间里，他每天像个怨妇一般唠唠叨叨，也不想着如何去改变现状。刚开始时，我也是好言相劝，不厌其烦地对他进行心理疏导，并表示自己愿意陪他一起渡过难关。可是他却一点儿也听不进去，反复诉说着他输得有多惨，还说什么恐怕这辈子也再难翻身了。"

小奈说，她本是一个乐观开朗的人，每天受骆哥负面情绪的影响，自己的心情也蒙上了一层阴霾。

在骆哥身上，小奈几乎看不到任何未来和希望。她实在无法把自己的一生托付给这种自暴自弃的男人。几经思量，她最终决定解除婚约，铁了心要离开骆哥。

03_

雀巢公司创始人亨利·内斯特出身于德国法兰克福一个富豪家庭。1833年，他的家族因受到政治迫害，举家移民到瑞士。这段逃亡经历，让出身显赫的内斯特尝到了从未有过的艰辛，脾气因此变得十分暴躁。

一天，内斯特路过一块农田。这里刚刚遭受了洪水的侵袭，长势良好的庄稼被洪水无情地毁坏，周围一片狼藉。他发现一个农民正在田里忙着补种庄稼并且干得非常卖力，脸上看不到一点儿沮丧的神情。

内斯特问："庄稼被毁掉了，你难道一点儿也不生气吗？"

农民说："生气抱怨是没用的，那样只会使事情变得更糟糕。这都是上帝的安排。洪水虽毁坏了庄稼，却也带来了丰富的养料，我敢保证，今年一定是个丰收年。"

农民的这番话，对内斯特产生了深远的影响。后来，凭着对乳制品事业坚定的追求以及不抱怨的态度，内斯特创办了雀巢公司。如今，雀巢已发展成为全球最大的食品公司。

诗人马雅·安洁罗说："如果不喜欢一件事，就改变那件事；如果无法改变，就改变自己的态度。"

没有谁的生活一直是顺风顺水的。有的人一遇到不顺遂的事情就写在脸上，牢骚不断；有的人则会选择把情绪隐藏，独自消化，他们清楚，一味地发泄不满，不会改变任何的现状，与其这样还不如把时间专注于解决问题上，争取改变局面。

04_

我身边一个1998年出生的朋友，读高中的时候觉得读书太苦，于是不顾家人的反对，放弃了高考，同朋友一起开了间美甲店。

有一次，我去银行办业务，正好途经她的店铺。她邀我进她的店里坐会儿，进去之后便对着我大倒苦水。

"这年头生意真不好做！每天起早贪黑，忙死忙活，连个午休的时间都没有，也没挣到几个钱。"接着她又说，"到现在我才真正明白了什么叫赚钱不易，也有点儿怀念以前上学时的日子。"

听着听着，我不由得感到一阵厌烦。她一副苦瓜脸，怨气深重，十句里有九句都是在感慨生活的艰辛，却从来不去探究自己身上的问题。于是我借口还有其他事情要办，便匆匆离开了。

把问题归咎于其他人，是弱者的思维。抱怨是一种自我消耗，是失败的根源，也是无能的表现。

　　我们身边从来不乏散发负能量的朋友。他们总是一副受害者的心态，自嘲出身不好，抱怨命运不公，埋怨社会不公平，而唯独不愿意承认，真正把他们拖垮的，是自己的浅显无能和"满腹哀怨"。

　　带着满腹怨气生活，不仅会影响身边人的情绪，还会使自己饱受压抑与折磨。

　　一个成熟的人，即使经历了心酸与责难，也不会轻易地把怨言挂在嘴边。只有尽心尽力做好自己，不卑不亢地应对人生中的各种状况，你才值得被命运温柔相待。

没有穷过的人，不足以谈人生

01_

知乎上有一个提问：有哪一瞬间你感觉自己特别穷？

有一位知乎网友讲述了自己的一次经历，几年前，他在登机口排队的时候遇到一个姑娘，两人相谈甚欢。后来，两人登机，姑娘坐的是头等舱，而他坐的是经济舱的最后一排。下机后，他原本想找姑娘再聊聊，却发现姑娘压根儿不想再理会他，头也不回地走了。那一刻，他觉得自己特别穷。他深刻地感受到自己和姑娘之间，存在着一个无法跨越的阶层。

我的朋友大彭也有过相似的境遇。我认识他有好几年的时间了，一直都没见他谈过恋爱。有一次，我俩一块喝酒，他终于对我说出了实话，他说他并不是不想谈恋爱，而是谈不起。

大彭是一个普普通通的程序员，独自一人在异乡上班，拿着一份只够养活自己的工资。即使遇到了心仪的姑娘，他也不敢追求。他害怕自己给不了姑娘未来，让人家跟着自己受苦。

最近，单位来了一个女实习生，长得水灵好看，打扮得也精致抢眼，大彭第一眼就被她迷住了。从同事口中得知，姑娘是某个房地产公司老总的千金，上下班开着一辆汽车代步。哪怕大彭有一米八九的身高，在姑娘面前也感觉自己瞬间矮了一截。他内心因自卑而感到失落，更别提主动追求了。

曾经看到过这样一句话：女人的黄金年龄很短，只有22岁到26岁的几年时间；男人就不一样，30岁甚至40岁都还不错。但其实，男人的黄金年龄更短，只有16岁到18岁的几年，这段时期的他们，长得帅会有人喜欢，打球厉害会有人喜欢，学习成绩优异会有人喜欢，玩乐器会有人喜欢，但到了30岁以后只要他没钱，就很少会有人喜欢了。

这戳中了多少男人的痛点！

更可怕的是，当你发现你努力的天花板仅仅是别人的起点，贫富差距所带来的那种无力感，会让你深陷难过和沮丧当中，甚至对生活失去信心，颓废到底。

02_

有位读者曾经跟我讲过她的故事。

毕业以后，她独自一人去了北京，成了北漂一族。在面试了许多次之后，最终被一家保健品销售公司录用，岗位是售后客服。她每天要打两百多通回访电话，有时候感觉自己都麻木了。每个月领着微薄的薪水，交了房租，充了饭卡和公交卡以后所剩无几。有时候，她连同事结婚的份子钱都拿不出来，甚至还要硬着头皮打电话跟父母要一些。

有一次，她在车站等车，包里的手机被人偷走了。发了工资后，她第一时间换了一部新手机，这时卡里只剩下200元。为了不让家人担心，她并没有把这件事告诉父母。那个月，她每天靠吃泡面充饥，日子过得紧巴苦涩。她在北京上了好几年班了，到现在也只能勉强地维持生活，没有任何积蓄。她坦言自己并不喜欢这份工作，却又害怕裸辞之后断了收入，只能熬一天算一天。

每次，她刷着朋友圈，看到那些或买房，或换新车，或去国外旅游的朋友，都会羡慕不已。有了这样的对比，她便察觉到自己和别人的差距有多大。

03_

有一次，约一位医生朋友吃韩式烤肉。约定时间过了半小时后，他才匆匆赶到餐厅，刚坐下就连声抱歉，说自己是因为处理医院里的一个突发事件耽搁了。

作为一名作者，我好奇心大发，向朋友询问事件的过程。

朋友说，前些天从急诊室转过来一个男病患，患有严重的胃病，吃不进去任何东西，一吃就吐，严重时还会吐出血块。他检查过之后，发现病人的胃里面长了一颗肿瘤。这并不是什么致命的病，通过手术完全可以解决，手术费用大概6—7万元。病人是从农村过来的，家属一下子拿不出这多钱，只能把病人背回去另想办法。一个礼拜之后，家属东拼西凑，总算把手术费凑足了，又把病人送了过来。可是，他已经耽误了最佳的治疗时间。眼看着一条鲜活的生命就这么消逝，作为医生的他们无力回天。家属们情绪崩溃，失声痛哭。

朋友说："这种因为缺钱而耽误了病情的事情，在医院里几乎每天都能看到。"

真正的贫穷，是失去了抵御风险和病痛的能力，甚至连自己和亲人的生存权利都捍卫不了。那种绝望感能轻而易举地压垮任何一个人。

04_

多年前有一部热播剧《蜗居》，女主角海藻原本是一个非常简单的人。但是命运捉弄，海藻的姐姐急需一大笔钱买房，单靠他们一家，这钱一时半会儿也凑不齐。海藻认识了宋秘书，宋秘书答应给海藻一家人提供经济上的帮助。没多久，海藻成了宋秘书的情人，靠肉体来还债。

大学时期，班上有一个女同学，每次去食堂吃饭，固定只打一碗饭加一个素菜，饭盒里永远看不到一丁点儿肉片。有人就好奇地问她，她只是笑着解释说自己在减肥。后来，关于这个女同学的传言越来越多。据说她的家境不好，连学费都一直拖欠着。后来过了不久，我们经常能看到校外有一部保时捷来接送她。

那些穷怕了的女孩，往往很难经得起物质诱惑。为了摆脱穷困的沼泽，她们很容易无视道德，甚至甘愿出卖身体和灵魂。

任何时候，贫穷都不能作为自暴自弃的理由。在获取财富这条路上寻找捷径，一不小心，毁掉的可能是你的整个人生。

无论生活过得多么贫苦，也要维持着道德的底线，只有这样，你才会有真正翻身的那一天。

05_

有没有那么一刻，你感受到贫穷离你那么接近？

当父母为了你的学费硬着头皮向亲戚们借钱的时候，当你兜里的钱连一顿快餐都支付不起的时候，当心爱的姑娘转身投入了有钱男人的怀抱的时候，当身边的亲人因为付不起高昂的医药费而不得不放弃治疗的时候……那一刻，你是不是也因为生活的困顿，丧失了做人最基本的尊严。

你是否也会把这一切归咎于原生家庭，怪罪于命运，怪罪于这个不平等的世界？

其实，越是难熬的日子，越是要少些抱怨，多些行动。

越是被别人看不起，越要想办法改变现状，扳回一城。

没有人注定一辈子穷困潦倒，你的努力能让你离自由与公平更近一点儿。

贫穷能毁掉一个人，也能拯救一个人。

愿你远离贫穷，愿你永远不必因为贫穷而饱受苦难和伤害。

在你喜欢的城市，过上你想过的生活

*01_*

前几天，刘冉在微信上跟我"倒苦水"。她说今年国庆假期，她回了趟老家。结果她母亲每天都在她耳边唠叨个不停，说她也老大不小了，是时候考虑结婚的事情了，还让她节后回去把上海的工作给辞了，赶紧回老家找个对象，尽快把婚期定下来。

刘冉的老家在一个偏远的小县城，那里的姑娘，凡是过了27岁还没结婚，都会被打上"嫁不出去"的标签。而他们的父母，则会承受着巨大的心理压力，每天活在乡亲们的闲言碎语当中，感觉特别没有面子。每次刘冉回家乡，家乡的那些人总会不怀好意地对她指指点点，那种被当作异类的感觉，让她感到非常难受。

刘冉喜欢上海，这座城市生活节奏快，到处充满着新的挑战和机遇。她每天早起挤地铁，一路小跑着去上班，跟时间争分夺秒。工作很忙，但日子却过得很充实，这样的生活才是她想要的生活。

她的身边有很多三十多岁还没结婚的女性朋友，她们经济独立，追求高品质的生活。下班以后，刘冉经常会和她们约在一起吃饭、喝咖啡、聊聊八卦、美容心得和男人。对于她们而言，婚姻从来都不是人生的必选项。如果没有遇到合适的对象，就这么一直单身下去也无所谓。

她们普遍认为，低质量的婚姻，远远不如高质量的单身。

作为一名独立理性的现代女性，刘冉一点儿也不想再回到那个封闭的小城里去生活。那里的人们从来不会考虑一些实际问题，总是想方设法地将年纪轻轻的姑娘塞进世俗的模子里，从而扼杀她们人生更多的可能。

02_

老杨的家乡是一座三线小城市。大学毕业以后，他并没有像其他的同学一样，选择去更好的城市发展，相反，在家人的安排下他进了体制内工作。哪怕外面的机遇再多，老杨也从来没有想过要离开家乡。这里安逸舒适，没有高昂的房价，没有沙尘雾霾，生活节奏不紧不慢。老杨每天下班都会经过那条熟悉的老街，和遇到的老街坊打招呼。炊烟袅袅，周围的一切都充满着烟火气息的温暖。

老杨有一个感情很好的妻子和一个刚满1岁的孩子。每逢周末，他都会带上妻儿回去探望爸妈，一家人热热闹闹地吃顿饭，气氛特别温馨祥和。

如今老杨靠着工资供着一套三室一厅的商品房，每个月还会攒下一笔闲钱，打算以后出去旅游，生活过得有滋有味。

从老杨身上，我看到了人生中的另一种可能——一种不为名利和物质所绑架，只想随性而活的生活态度。

世界上有这样一部分人，他们生来就没有太大的抱负，也无心去追求荣华富贵，只想按部就班地过好自己的小日子，平平淡淡就是他们此生最好的归宿。

至于这种生活方式是好是坏，谁又有资格去评判呢？

人的一生有千千万万种活法。每一种遵循于内心的选择，都值得被尊重。

03_

近年来，"逃离北上广"成了年轻人热衷讨论的话题。一线城市过高的生活成本和竞争压力，致使不少人黯然离开，剩下一部分人还在苦苦地熬着，等待着翻身的那一天。

朋友小七大学毕业后就去了广州实习，一个人租了套房子。每月工资除去支付房租和生活费以外，所剩无几。小七是跑业务的，每天晚上陪客户应酬完以后，为了省下打车的钱，基本都是走着回家。家门外的那条街晚上黑灯瞎火，长得像是没有尽头一样。有时候，小七也会感觉自己撑不下去了，他不知道这种生活到底什么时候才是个头，茫然得看不见未来。身边不少同学因为实在坚持不下去，有的去了二三线城市发展，有的索性回了老家。

苦苦熬过一段日子以后，小七因为业绩突出，终于被公司提升为部门主管，薪水翻了不止一倍，也总算是在这座城市站稳了脚跟。

当你站在人生的岔路口时，不可避免地会面临彷徨和无助。如果认准了目标，请不遗余力地坚持下去。熬过那个艰辛的时刻，一步一脚印，把生活过成你想要的样子。

无论你选择了在哪里扎根发展，只要认清自己的方向，忠于自己的内心，那么等待你的，便是更好的明天。

04_

当你选择了在某座城市发展，就意味着你选择了一种生活方式。你心甘情愿地在这里奋斗打拼，赌上自己的青春和时间。不管以后的你有没有得到你想要的一切，这段经历对于你的一生而言，都必然有着深远的影响。

多年前看过一部美国电影《布鲁克林》。

爱尔兰少女伊莉莎离开了自己生长的家乡，远赴千里之外的布鲁克林，开始了背井离乡的全新生活。伊莉莎工作勤勉，不但认识了一些有趣的新朋友，还找到了一个深爱她的意大利男友。当她收到母亲从爱尔兰寄来的家书时，却哭得泣不成声。

电影的结尾处，有一句令人难忘的旁白："终有一天，太阳再次升起，一切悄无声息。你会开始思考其他事情，会挂念一个和你过去有过交集的人，一个只属于你的人。那时你就会明白，这就是你的安身之地。"

愿你在你所在的城市，过上你的理想生活。那个让你感到踏实而笃定的地方，就是你的归宿，你的心之所向。

心在哪里，家就在哪里。

对自己好一点儿，该吃吃，爱谁谁

01_

最近参加了一个同学聚会，见到了很多许久不曾联系的同学。

大部分女同学都已成家，话题大都是围绕着家庭和孩子。我注意到坐我斜对面的当年班里的文娱委员小可，她并没有和其他女同学那样聊那些琐碎的家常话题，而是豪迈地和我们一众男生喝酒唱歌。

趁着间隙，我和她聊了会儿。话题转到她的感情经历，她说两年前和谈了好久的男朋友分了之后，也断断续续谈过几次恋爱，但是如今她很享受一个人的生活，暂时还没有结婚的打算。

加过小可的微信之后，发现她的朋友圈里发的都是各地的旅游见闻和美食。她隔三岔五就会背着背包去环游世界，每到一个新的地方，都会一个人去租住当地的民宅，发掘当地的特色小吃，靠给旅游杂志写游记挣取经费，已经去过五十多个国家了。

去见识更大的世界，享受更多的美食，谈着短暂而没有压力的恋爱，尽情地对自己好，不过多地考虑太久远的将来，这种生活状态，会有多少人羡慕。

如今到了我们这般年纪，被催婚的被催婚，生娃的生娃，被迫放弃人生中那些最喜欢的事情，纷纷跳入"围城"生活。小可对我说，身边的好些姐妹一到了适婚年龄，就会迫不及待地找个男人嫁了，也不管对方到底适不适合自己。她们婚后过着鸡飞狗跳的生活，还经常给她发消息抱怨丈夫对自己不好。每当这时，她都会很同情她们。

我问小可："难道你的父母就从来没有催促过你的婚事？"

她说："我的父母比较开明，给予了我足够的自由和尊重，从来不会插手干预我的感情问题。"得益于父母的深明大义，哪怕自己早已过了适婚年纪，小可依然可以选择自己想过的生活。她想趁年轻的时候多走一些路，多长一些见识，多做一些喜欢的事情，也算是给自己的人生一个交代。

02_

王菲的一首歌《执迷不悔》，有一句歌词是这样的："并非我不愿意走出迷堆。只是这一次，这次是自己而不是谁。"

这首歌是王菲自己填的词，字里行间也透着她特立独行的性格。

纵观王菲的两次婚姻经历，她一直顺应着自己的本心而活着。在每一段感情和婚姻当中，她都能保持自己的独立性，即使过不下去了也不会想着随便将就，与其既委屈了自己又勉强了对方，倒不如和平地分开。

不管爱过谁，她从来不言后悔。一段感情结束以后她也不会去诋毁过往的爱人，只希望各自都能过好各自的生活，并且能够问心无愧。

这就是很多人欣赏王菲的地方：面对爱情与婚姻，从不理会世俗评价，永远做那个真实的自己；果敢地去追求自己内心的爱，当有一天不爱了也能全身而退，从不拖泥带水；无论在人生的任何阶段都不忘溺爱自己，并且鼓足重新开始的勇气。

03_

身边有一个认识了十多年的朋友落落，她是那种看上去就让人觉得特别温柔懂事的好女孩。她之前交过一个男朋友，那个男的是个待业青年，天天在网吧打游戏，一直靠落落养着。

后来，落落的那个男朋友在游戏里认识了一个女孩儿，两人私下见了几次面以后，居然情投意合。没隔多久，她男朋友就跟着这个女孩儿走了。

男朋友走了之后，落落就把自己所有的难过闷在心里，只在夜深人静的时候暗自垂泪。

原以为这段感情就这么翻篇了，没想到更糟心的事情来了。那个男的在某天深夜给落落打来电话，说自己不小心让女孩儿怀孕了，让落落给他转几千块钱过来救救急。落落念及过往的情分，挂了电话后就把钱给他转了过去。

她和我说起这事的时候，哭得很难过。她说这些年来自己舍不得吃、舍不得喝，省吃俭用攒下来的积蓄，都被前男友挥霍了，一点儿没剩。我劝她不必在这段感情中苦苦挣扎，趁早跟他断了往来，给自己多买些好吃的好喝的，把自己收拾得体面漂亮了再去爱别人。

那些在恋爱中只管付出不求回报，把男朋友当作孩子来养的姑娘们，多半过得不大如意。

她们往往是付出得越多，越显得廉价，也越不容易被人所珍惜。

要是连你自己都不懂得疼爱自己，那就真的没有人会对你好了。

04_

像落落这种宁可苦了自己也不愿意辜负他人的人，我在生活中见过特别多。

他们无私付出，甚至放弃自我，留给别人的永远是好形象。实际上过得好不好，也只有他们自己心里清楚。

我曾经不止一次地在文章中提到过一个观点：不管别人对你如何，请记得一定要对自己好一点儿。

不必活在别人的期望里。多为自己考虑，满足自己的需求，成全自己的快乐，才能过上恣意潇洒的人生。

比如，请自己吃一顿大餐，给自己买好的化妆品，出门去更多的地方走走。

一旦这么做了，我无法确定你到底会不会被这个世界温柔以待，但我相信，你一定会被认真生活的自己感动。

就像有句话说的：其实每个人的生活都是差不多的，之所以会有天差地别，不是他们对待别人的态度，而是他们对待自己的态度。

我并不是鼓励大家成为一个自私的人。只是当你浑然忘我，无条件地对别人好的时候，别人不但不心疼你，反而会觉得理所当然。最后让自己受了委屈，甚至落得满身伤痕，其实并不值得。

人生苦短，请务必要对自己好。

毕竟，只有把自己的人生经营好了，让自己的内心充满真诚和善意，才会有更多的精力去爱别人。

都是第一次做人，凭什么要宽容你

*01_*

前两天同大伟聊天，得知他最近跟一个有着几年交情的朋友断了往来。

有一次，这个朋友邀了几个在业务上有合作关系的客户吃饭，特地给大伟打电话，让他过去作陪。大伟想着既然是朋友的朋友，吃个饭互相认识一下倒也无妨，所以二话没说就来赴约了。那天，朋友点了一大桌的山珍海味，还开了几瓶洋酒。酒足饭饱之际，朋友附在大伟耳边小声地说："哥们儿，我身上的钱带得不够，这顿饭你就帮忙把账给结一下好吧。"大伟瞬间明白了朋友喊他过来吃饭的用意，但既然对方都这么说了，他也只能带着无奈去结账。事后，朋友拍着大伟的肩膀说："你挣的钱那么多，帮忙结个账没什么吧！"

回去以后，大伟就把这个朋友的所有联系方式都删除了。

大伟说，其实他在意的倒不是区区一顿饭钱，而是朋友那一副占了便宜还理所应当的态度，这让他打心底感到厌倦和排斥。

宽容是一种美德，而不是一种通则。没有谁可以对一个人无条件地付出和忍让。切勿利用"人情"二字来作为你绑架他人的一种资本。

02_

前阵子，公司招了个新实习生，人挺老实，脾气也不错。一些老同事仗着自己在公司里资历深，总喜欢私下给小李派活儿。

"小李，帮我把这几张发票贴一下，待会儿我要报销。"

"小李，有个客户过来了，去接待一下。"

"小李，你懂PS吧，帮我处理一下这张图片，十万火急。"

"这个周末临时有约，小李你替我值班吧。"

对于同事们的使唤，小李一向都是有求必应，绝不会刻意推脱。

好几次见小李忙得喘不过气来，我就把他拉到一旁，对他说："帮同事们干活并不是你的本职工作，你完全有拒绝的权利。"

小李笑了笑说："作为一名职场新人，为了和同事们搞好关系，多帮他们做一些力所能及的事情，辛苦一下其实也无所谓。"

有一次，小李因忙于处理同事们交付的事情，把自己的工作给耽误了，还因此丢掉了一个重要客户，在会上遭到了老板的训斥。而那些让他帮过忙的同事，则冷脸相向，甚至有人还在背后窃窃私语、落井下石。

自从那次以后，小李也学聪明了，不再轻易答应同事们提出的要求。有同事在遭到拒绝以后，还跟他抱怨："小李你太不够意思了，难道同事之间不是应该互相帮忙吗？"

人的坏毛病都是被惯出来的，你越是容易对他人妥协，他们越是不懂感恩，提出的要求反而一次比一次过分。你的宽容是用自己的委屈换来的，这并不值得。

03_

之前在贴吧看过一个帖子：过年的时候，一个远房亲戚来"楼主"家串门。亲戚家有一个六七岁大的"熊孩子"，在他们家上蹿下跳地闹腾。"熊孩子"跑到书房，拿了瓶矿泉水从钢琴上倒了下去。"楼主"见了，忍着怒气问他在干什么。"熊孩子"说，他在帮楼主洗钢琴呢！

父母跑进来一看："哎呀，小孩子不懂事，你就原谅他吧。"当时"楼主"也慢慢冷静下来，想着毕竟事情已经发生，大家又是亲戚一场，只能忍气吞声。但显然父母没有尽到教育孩子的义务，并为孩子的错误找借口，最终会带来更大的错误。

没多久，"熊孩子"的母亲给"楼主"打来电话，说孩子跑到一家琴行洗了一架66万元的佩卓夫三角钢琴，目前双方正为赔偿问题争得面红耳赤。

每一个"熊孩子"的背后，必然都有一个不称职的家长。既然生养了孩子，家长就理应尽到教育的义务。不能以自己的孩子年纪还小，以身边人总是会对他们宽容和忍让来当作自己教育无能和不作为的一种借口。作为监护人没有管教好自己的孩子，任由孩子们惹是生非，甚至对他们做的错事不闻不问，都是一种极不负责任的表现。

04_

演员丛飞在生前资助了183个贫困儿童。后来他不幸得了胃癌，有家长打电话来责问他："怎么还不把钱送来，我们的书还念不念啊？你这不是坑人吗？"

丛飞说自己得胃癌住院了。对方继续追问："那你什么时候才能治好病演出挣钱啊？"

现实生活中，很多人钻着道德的空子，占尽他人便宜，过后还理直气壮地要求别人让着自己，姿态十分难看。

中国人一向主张宽容为怀，哪怕自己吃了亏，表面上还是要维持一团和气，这样才能显得自己有度量。相比较而言，拒绝这种"中国式宽容"，做一个"坚守原则、敢于说不"的人，反而更需要勇气。

一边做着损人利己的事情，一边不停地劝说对方要宽容大量，这种阴险小人更应该让人警惕。很多时候，他们只是把你的善良和妥协当成一种懦弱。面对这种状况，不能一味地容忍，该反击时就得果断反击。宽容确实是一种修养，但还得分对象。

无论我对你施予多少恩惠和帮助，那都是我的选择，你没有任何理由站在道德层面上指责和要求我。

高尚是高尚者的墓志铭，卑鄙是卑鄙者的通行证。

都是第一次做人，凭什么要宽容你？

Chapter / **2**

最怕你什么都不做，还骗自己根本不想要

很多时候，你只是在假装努力而已

*01_*

赖姐是一家大型企业的部门管理者。他们部门里有一个女同事，在人前总是勤勉有加。每天早上起来刷朋友圈，总能看到她在三更半夜发的鸡汤文字，配图永远是手提电脑上写的满满的word文档。就是这么一个看上去非常勤奋努力的姑娘，在公司里兢兢业业地工作了几年时间，却始终没有得到领导的赏识和重用。

在最近的一次公司晋升会议中，有好几个资历比她还浅的同事都被列入晋升的名单。散会之后，姑娘不服气，跑到赖姐的办公室理论起来，说起自己这些年来起早贪黑，鞠躬尽瘁，为公司付出了那么多，没有功劳也有苦劳，为什么升职加薪总是没有自己？

面对责问，赖姐心里很清楚。她一语道破："你经常熬夜加班，只是一种低水平的勤奋。很多时候只是因为你白天工作效率低，落下的事情只能靠晚上加班加点赶工，最终完成的质量也不如人意，更别提为公司带来更高层次的价值了。"

在某一期《赢在中国》的节目现场，评委史玉柱提出了一个问题：
"如果你是老板，你有一个项目，分别由两个团队实施。年底的时候，
第一个团队完成了任务，拿到了事先约定的高额奖金。另一个团队没
有完成任务，但他们很辛苦，大家都很拼，都尽了力，只是没有完成
任务。你会奖励这个团队吗？"

选手A说："因为他们太辛苦了，我得鼓励他们这种勤奋的精神，
奖励他们奖金的20%。"

选手B说："那我得看事先有没有完不成项目怎么奖励这个约定，
没有约定就不给。"

选手C说："我得看具体是什么原因导致他们没完成任务，再做
奖不奖的决定。"

史玉柱最终给出了自己的答案："我不会给，但我会在发年终奖
的当天请他们吃一顿。功劳对公司才有贡献，苦劳对公司的贡献是零。
我只奖励功劳，不奖励苦劳。"

你以为一刻不停地向前奔跑，营造出一种拼搏努力的忙碌状态，
就会得到大家的肯定与赞扬。然而，没有"功劳"的勤奋，没有价值
的付出，在旁人的眼里，哪怕你再怎么努力，也只是徒劳一场。

02_

"忘了这是第几天熬夜加班了，给自己打打气，加油！"

"早起背书，这次考试一定要顺利过关。"

"从今天开始，我要养成坚持读书的好习惯，请大家监督。"

在你的身边，是不是也存在着几个这种"努力型人格"的朋友。他们充满昂扬的斗志，似乎前面纵有千般苦难，也无法阻挡他们的脚步。可是，买来一大堆书，拍照发朋友圈以后却把它们丢进了书柜，不管也不问；每天都能看到他们在自习室里晨读的身影，可每次考试依然挂科；经常彻夜工作，几年过去了还停留在原来的岗位上，薪酬也不见涨。他们以为自己已经很勤奋很努力了，现实却是一次又一次的徒劳无功。

我的办公室隔壁是一家创业公司，员工大多都是年轻人，每天都会在晨会上斗志昂扬地宣读励志格言，洪亮的声音响彻整个楼层，着实给人一种朝气蓬勃、积极向上的感觉。可事实上，我好几次在上班的时候看到他们中不少人躲在楼道里吸烟、闲谈，还有的甚至靠在阶梯上打盹儿，真正在干事的没几个。没过多久，这家公司就因为经营不善倒闭了。

可见，这家公司的管理者过于看重口头形式上的努力，忽略了培养员工内在专注和进取的精神，只有这些精神才是成就一番事业的关键。

03_

我有个"90后"朋友小尔，她是一个美食公众号的编辑。只要是有新的餐厅开业，她就会第一时间前往探店，一尝究竟。她还会隔三岔五跑到周边的城市进行美食探索。经常看到她在朋友圈里晒出各种诱人美食，让人羡慕不已。我也时常感叹：他们公司的福利可真好啊！

有一次，我到他们公司办事，看见小尔正在协助一名员工办理离职手续。她见了我，叹了口气："这已经是本月离职的第5位员工了。"

小尔说，自从工作以来，她也接触过不少新人。他们刚入职的时候，普遍心理期望过高，都以为这份工作不过就是到处吃吃喝喝，随便写写稿子交上去就完事了。然而这份工作并不如外人所想的那般轻松。每次探店之前，都需要做大量的前期准备工作。为了拍出一组好看的美食图片，他们往往要在店里连续工作很久，采集好相关素材，回去后还要马不停蹄地写稿、修图。等好不容易把文案整理出来交给客户，还要根据客户的各种修改意见进行修改。

小尔说，节假日的时候恰恰是我们最忙碌的时候，她经常会在节假日的时候扛着一台五六斤的单反跑几家店，忙起来甚至连饭都顾不上吃。

你只看别人表面上的光鲜亮丽，却看不到他们私底下为这份工作付出过多少心血，承受着多少不为人知的压力和艰辛。

世界上没有一份职业是不辛苦的，而大多数人都选择咽下委屈和眼泪，日复一日地坚持着。

04_

你长期加班、挑灯苦读，自以为已经足够勤奋了，甚至把自己都感动得一塌糊涂。你频频通过在朋友圈"晒努力"来换取他人的认同和鼓励，结果发现点赞的人却寥寥无几。

其实，更多的人只会关注你所取得的成果，至于你努力和奋斗的过程，对于他们而言一点儿都不重要。

张朝阳曾参加过一档访谈节目，主持人杨澜问他："最艰难的时候你有可以倾诉的人吗？"

张朝阳说："没有。"

我们努力奋斗，是为了不断地促使自身的成长，而不是为了博取他人的关注和存在感。你要克服自己的惰性和焦虑，把努力埋进心里，默默耕耘。你总要学会一个人去闯这条路上的所有难关。

在这个过程中，你也会渐渐明白：你的努力和成长，从来不需要太多的旁观者，它是只属于你一个人的战斗。

你的不自律，正在拖垮你

01_

前段时间到外地出差，和朋友小H见了一面。

当我见到小H时，简直不敢相信自己的眼睛。只是一段时间不见，她就变得头发干枯，皮肤黯淡无光，腰身足足胖了三圈。明明才二十几岁的年纪，看起来却像个中年妇女。

小H耷拉着头，拿着勺子无力地搅拌着咖啡，整个人的精神状态非常不好。细聊之下才知道，她的这阵子生活作息极不规律，三餐不定，经常熬夜煲剧、玩游戏，每天都处于萎靡不振的状态。

小H说，她每天都过得特别颓丧，也不知道活着到底是为了什么。报了瑜伽班，也没去上过几次；打算考编制，买回一堆资料后却迟迟没有开始学习；制订了读书计划，坚持了几天就没了下文。

小H坦言，她也想尽早改变现状，可是却总是感到有心无力。虽然嘴上经常叫嚷着减肥，却总也戒不掉那些高热量的甜食。成天刷着手机无所事事地度日，毫无人生目标可言，好像除了放任自己这么萎靡下去以外，也没有别的办法了。

这样子的小H，映射了社会上很多年轻人的生活状态。他们处在人生的迷茫期，懒惰、自甘堕落、不思进取。他们明知道这种混乱无序的生活迟早会把自己给拖垮，却又不想做出任何改变，活一天算一天，任由自己漫无目的地消沉下去。

02_

最近和朋友蛋蛋聊天，蛋蛋感叹说："真羡慕你们这些从事自媒体行业的，平时就是写写文章，随随便便接一个广告就抵上人家一整个月的收入了，也无须看老板的脸色，真好！"

听她这么一说，我忍不住想发笑。她压根儿不了解做自媒体这一行的压力有多大。要经营好一个公众平台，并不如她想象的那般简单。纵观我身边那些做公众号的朋友，哪个不是每天都在没日没夜地写稿。

圈子里有一个做时尚类公众号的朋友，是个"拼命三郎"。每次朋友们约她出来聚餐，她都会以"要写推送"为由拒绝。久而久之，朋友们都知道她忙，也就默契地不再喊她了。

这两年时间里，看着她的公众号从原先寥寥的几百人关注，做到如今拥有上百万的关注，也真心为她感到高兴。从谈广告、写文、找素材、排版、校对，全都由她一个人包办。一个人活成了一支队伍。

"拼命三郎"的经历，让我想起德国哲学家黑格尔说过的一句话：

"一个自由的人是一个能用精神控制肉体的人，是一个能够使其自然的情绪、非理性的欲望、纯粹的物质利益服从于其理性的、精神的自我所提出的更高要求的人。"

03_

日本设计师山本耀司，被誉为"世界时装日本浪潮的新掌门人"。他设计的服装，风格与主流时尚背道而驰，却备受世人的追捧。从受人冷落，到如今成为影响整个时尚界的设计大师，山本耀司用了二十多年的时间。

在二十多年的服装设计生涯里，山本耀司也曾四处碰壁：因名气不大而被杂志社拒绝采访，在巴黎时装周上惨遭滑铁卢，旗下公司因无力负担60亿日元的债务而申请破产。然而，即便面临种种挫败，他依然没有放弃他所钟爱的服装事业。

山本耀司有着很强的自律能力。他一直奉行"你的工作就是你的人生"原则，强迫自己把眼下的工作做完，从不期待有什么新鲜事发生。工作时，他不理世事，孤身一人在公寓里创作，只为了能设计出让世人惊艳的作品。

如今，73岁的山本耀司除了每天依旧坚持工作之外，还会抽出时间来练习空手道。山本耀司在40岁的时候开始学习空手道，不断练习五年后便获得了黑带段位，让很多年轻人都自叹不如。

山本耀司说："我从来不相信什么懒洋洋的自由，我向往的自由是通过勤奋和努力实现的更广阔的人生，那样的自由才是珍贵的、有价值的；我相信一万小时定律，我从来不相信天上掉馅饼的灵感和坐等的成就。做一个自由又自律的人，靠势必实现的决心认真地活着。"

没有谁与生俱来就是优秀的。但凡优秀的人，都是凭着克制与自律，集中精力打磨自己的专业技能，一步一步地成为这个领域的专家的。

04_

斯坦福大学有一个非常著名的"棉花糖"实验。实验者会让一个孩子独自在一个房间里面对一块棉花糖15分钟。他们会在离开之前告诉这个孩子："如果你忍不住可以吃掉它，但是如果你15分钟内不吃这块棉花糖，你就会得到两块棉花糖。"

那些没有在15分钟内吃掉棉花糖的孩子，他们的人生大多非常成功、幸福；而另外的那些孩子则相对过着贫穷、失意的生活，其中有不少被毒品、酗酒、肥胖等问题困扰。

"棉花糖"实验说明了：对一个人的成功来说，耐心和延迟享受是一个非常关键的因素。

《挪威的森林》中有一段绿子和渡边的对话：

绿子把搁在桌面上的两只手"啪"地一合，沉吟片刻，说："也不怎么样。你不吸烟？"

渡边："六月份戒了。"

绿子："为什么要戒？"

渡边："太麻烦了。譬如说半夜断烟时那个难受滋味啦，等等，所以戒了。我不情愿被某种东西束缚住。"

想起大学室友廖欢，他就是一个高度自律的人。

当我们还睡得迷迷糊糊的时候，他就早已起床到操场上边跑步边背单词；当我们在寝室里开黑打游戏时，他一头扎进图书馆钻研学科；当我们无所事事地玩手机时，他在校外干着几份兼职的活儿。

当时的我们对廖欢的努力嗤之以鼻，觉得他活得特拧巴。好不容易考上大学，脱离了父母的管束，就该放纵自己撒开了玩，只有这样才能把高中三年没玩够的时光弥补回来。

大学四年一晃而过。毕业那阵子，我们都对前途感到焦虑迷茫，只有廖欢顺利拿到了一家知名外企的offer，年薪十几万，一跃跻身于精英阶层。

在我看来，所有良好的习惯，都源于日常生活中一点一滴的积累和坚持。短期内可能看不出显著的效果，但好习惯一定会在未来的某个时间点给予你相应的回报。学会自我管控，也就意味着抓住了掌握自己命运的机会。

无法自律的人，只要遇到问题都会以逃避和拖延来应付，最终也只会沦落到一事无成的下场，更别提过上那种想要的人生了。

好走的路都不会是坦途。那些能走到最后的人，往往都具备了自律的品质。他们有着很强的目标性，清楚自己当下在做什么，不会因无关紧要的事情而分神。

他们比谁都清楚，路从来不在远方，恰恰就在自己的脚下，是靠着一步一脚印走出来的。

你有多守时，就有多靠谱

01_

上周去了一个聚会。到了约定的时间，大家纷纷入座，只差乔乔迟迟未到。一桌人一边聊着天，一边饿着肚子等她过来。期间有人给乔乔发去数条微信语音，她总是回复："就快到了。"

等了将近一个小时，乔乔才姗姗来迟。

乔乔是我们朋友里出了名的迟到大王。对她来说，迟到15分钟至半小时，都属于家常便饭。乔乔从来不懂得时间规划，每次和朋友约好见面，她都会拖延出门的时间，往往是快到点了才磨磨蹭蹭地开始化妆，然后拎着包急匆匆地奔赴聚会。准时赴约对她来说，就好像吃了大亏一样。

一次两次不准时，别人可能不会特别在意，可一旦次数多了，给人的感觉就是态度问题了。

有朋友皱着眉头抱怨了一句："怎么那么迟呢，等你等得黄花菜都凉了！"

谁知乔乔却一脸不以为然地说："我是女孩子啊，让你们等一会儿又怎么了？"

在她看来，女孩子出门需要化妆打扮，所以迟到是很正常的习惯。可是我们都认为，要是乔乔每次都能预留好足够的时间来做准备，就不至于把自己弄得这般仓促狼狈。

我们的周边，从来不乏那些缺少时间观念的人。他们毫无自责感，认为偶然的不准时无伤大雅。久而久之，当这种习性融入他们生活的每一个细节里，就会对他们的事业发展与人际交往造成不良影响。

守时，是人与人口头上的一种契约。只要和朋友们约好了时间，在没有突发意外的状况下，都应该按时赴约。

若是平白无故总是迟到，总是让别人把时间浪费在毫无意义的等待上，事后甚至还没有半点儿愧疚之意。在我看来，这就是一种自私。

02_

前阵子，我协助公司人力部进行了一次招聘工作。

面试的时候来了不少求职者，我和同事们忙活了整整一个上午。临近午时，我们收拾简历刚准备离开，一名求职者满头大汗地走了进来。

问他迟到的原因时，求职者给出的理由是："由于不熟悉路线，从而耽误了面试的时间。"

求职者离开以后，我仔细翻阅了他留下的简历，发现他是一所名校毕业生，而且各方面条件都非常适合公司招聘岗位的要求。我问了身旁的人事主管任姐，她却叹了口气说："很可惜，这名求职者咱们公司不予录用。"

任姐接着说："我并不否认他的能力。可是面试迟到，就代表他对这次应聘没有表现出足够的重视，毕竟他并没有预留出充足的时间来处理路上可能遭遇的突发状况。连面试都不能做到准时的人，也就说明了他不具备良好的素质和责任心，公司当然不能放心把重要的工作交给他。"

时间观念对于一个人的影响非常重要，它往往是人与人之间的第一印象。人们往往会根据这种最初印象，来判断对方是否能赢得自己的信任和支持。

03_

作家刘墉在美国大学教书的第一学期结束后，为了解学生们的想法就跟学生们讨论，请大家对他提出批评。

"教授，你教得很好，也很酷，"有个学生说，停了一下，又笑笑，"唯一不酷的是，你在每堂课一开始时总会等那些迟到的同学，又常在下课时拖延时间。"

刘墉一惊，不解地问他："你不也总是迟几分钟进来吗？我是好心好意地等，至于我延长时间，是我卖力，希望多教你们一点儿，有什么不对呢？"

全体学生居然都叫了起来："不对。"

然后有个学生补充说："谁迟到，是他不尊重别人的时间，你当然不必尊重他，至于下课，我们知道你是好心，要多教一点儿，可是我们接下来还有其他的课，您这一延迟，我们下一堂课可能就会迟到。"

香港畅销书作家梁凤仪有一次应邀到北京某大学做报告，时间定的是下午3点。谁知去大学的路上堵车了，下午4点才抵达。主持人一再强调："梁老师迟到是因为堵车了。"

但是，走上讲台的梁凤仪觉得自己是不可原谅的。她说："各位同学，我在此向大家诚恳地道歉！在北京，堵车是常事，但我不应该以此为借口，我应该把堵车的时间计算在内，做好充分的准备。我知道今天在座的有1000位同学，我迟到的这一小时，对大家来说，就是浪费了1000小时的生产力量，影响了1000人的心情啊！我只能盼望你们的原谅——我要是提前一个小时出发，尽管自己多花费了1小时，但却可以避免1000小时的浪费。"

每个人的时间都是宝贵的。有教养的人，绝不会肆意地浪费别人的时间。培养良好的时间观念，既是对他人的尊重，也是个人素养的重要体现。

04_

我的前辈同事刘叔，每天都是最早到达公司的员工。当其他人神色匆匆、掐着时间走进办公室时，刘叔早已收拾好桌面卫生，泡好一壶清香的普洱茶，淡定而从容地开始了一整天的工作。

刘叔的这个好习惯，陪伴了他二十多年。

人和人之间的差别，其实全在于细节。守时的人，做事从不拖沓，内心始终遵循着某种秩序。他们认为，提前做好时间规划，以积极的态度面对生活中的每一件事情，才能大大降低因拖延而造成的焦虑风险。

守时是一种处事态度，也是这个时代最稀缺的一种品质。

我曾经细心地观察过身边那些时间观念强的人。在他们身上，由始至终散发着一种受人尊重的信任感。他们有着强大的自律能力，言行中无一不透露出良好的教养。和他们打交道，我总是心存敬畏。他们选择了走在时间的前头，掌握主动权，所以在应对任何问题时都能做到不慌不乱，并且游刃有余。

守时，是社交礼仪中最基本的礼仪。越是守时的人，就越靠谱。

一个合格的前任，就跟死了一样

01_

上周，思琪跑来找我聊天，她说这几天频频收到前任给她发来的好友验证信息，见她一直没通过，昨天三更半夜还不死心地给她发来了一条手机短信："薛之谦和高磊鑫都复合了，我们也重新在一起吧，好吗？"

看到这条信息，思琪当时就在心里翻了个白眼：凭什么？

思琪说，记得当年分手之后，前任还跟周围的朋友唱衰过思琪，说她没脸没身材，打扮得像大妈一样。这话深深地刺痛了思琪的心，她在心里暗暗发誓，这辈子都不打算再原谅他了。

薛之谦事件给了不少人去找前任复合的理由。可是，薛之谦之所以能够跟前妻复婚，是因为当初两人离婚时，薛之谦净身出户，分开后还处处袒护对方，两人也从来没有互相诋毁过，所以才给彼此的感情留了一线生机。

而那种当初在分开时用百般诋毁对方来抬高自己，如今又回过头来恳求对方复合的前任，我们连理睬一下都感觉非常恶心，更别提要重新爱上他了。

02_

我的读者猫猫，曾谈过一段长达三年的恋爱。某天，她的前男友突然一声招呼不打就消失了，电话不接，信息不回，就像人间蒸发一样。为此，猫猫花费了很长一段时间来疗愈情伤。

没想到前段时间，前任又回来了，整日对猫猫嘘寒问暖。有一次，猫猫问他："我们如今算是什么关系？"前任却支支吾吾答不上话来。

我劝猫猫马上和他断了联系，一秒都不要迟疑。可是她却摇摇头说："我好像已经陷进去了。"

花了8秒钟删了你的联系方式，花了8分钟删了所有的聊天记录，花了8小时扔了所有与你有关的东西，花了8天才能静下来，花了8个月才开始忘了你，结果你一个电话，说了一句："在吗？"所有的记忆全部复活。

这种关系一直持续了两个多月，直到前任再次离去，给猫猫带来了二次伤害。猫猫哭着给我留言说，就当这个人死了吧，这辈子再也不想见到他了。

我跟她说，找男朋友的方式有很多种，但千万不要在垃圾桶里找。

03_

我们都知道，要忘记一个自己曾经深爱的人，确实挺难的。分手以后不打扰，不联系，不纠缠，不在对方的世界里晃来晃去，这才是作为一个前任该有的觉悟。

我记得有个朋友跟我说过，有一次他刷朋友圈，看到前任女朋友发了一条动态，说自己发了场高烧，四十多度，感觉就快要烧得昏迷过去了。朋友说，那时的他真想马上打个车赶到她的身旁，但他想了想，最后给前任的好闺密发了条微信，拜托她陪前任女朋友去趟医院。

因为朋友清楚，如果他再次以前任的身份出现在对方的生活里，无疑会给双方带来许多不必要的困扰和麻烦，所以他还是克制住了自己，尽量不去与对方见面。

咪蒙说得好："只要所有前任老死不相往来，世界将变成美好的人间。"

04_

电影《暖暖内含光》讲述了这样一个故事：乔尔找到女朋友克莱门汀，想为之前的争吵道歉，却发现克莱门汀根本不记得他是谁了。原来，女朋友为了忘记他，特地做了记忆消除的手术。乔尔一气之下，也来到删除记忆的诊所，决心同样将克莱门汀驱逐出自己的记忆。

记忆是一件非常可怕的事情，它能随时搅乱你内心的情绪，让你不可抑制地陷入一个巨大的旋涡当中。

很多人在分手之后因为无法忘记对方，三番五次和对方见面，在感情中拉拉扯扯，藕断丝连，到最终既难为了对方，也苦了自己，何必呢？

王朔在《过把瘾就死》中写过一句话："就像童话中两个贪心人挖地下的财宝，结果挖出一个人的骸骨，虽然迅速埋上了，甚至在上面种了树，栽了花，但两个人心里都清楚地知道底下埋的是什么。看见树，看见花，想的却是地下的那具骸骨。"

不合适的两人，再爱几遍也只会重蹈覆辙，所以，还是趁早散了吧。

当一段感情结束以后，就应该尽量避免与对方再次见面，因为对方的一点儿风吹草动，都可能触动你内心深处那块最柔软的地方，逼着你回想起那些前尘往事，一不小心你又会深陷其中，难以自拔。

分手以后，我们之所以要删除对方的号码，拉黑对方的微信，清除掉生活中所有对方来过的痕迹，无非是为了当某天我们按捺不住想念的冲动，犯蠢地想要找对方时，也能及时地断掉一切可能。

已经在心里放下很久的人，但愿余生都不要再一次提起他们的名字了。

敬往事一杯烈酒，再爱也不回头。允许错过你，才能换来与对的人相遇。

而此刻的我多么希望，我们已经见过这辈子最后一面了。

遇见你以后，我变得爱笑了

01_

随着《爸爸去哪儿》热播，陈小春又一次上了热搜。

最初认识陈小春，是通过电影《古惑仔》里的山鸡一角。他脾气暴躁，痞气十足，在镜头前永远摆着一副臭脸。

早年的陈小春，与媒体之间的关系非常紧张。有一次，他外出吃饭，发现有两名记者跟拍，脾气火暴的他不但当众"爆粗口"，甚至还把汽水泼到了对方脸上。

在最新一季《爸爸去哪儿》中，陈小春与儿子之间充满温情的互动，让观众们发现了他的变化。成家后的陈小春，褪去了当年的一身痞气，变身成为体贴顾家的好好先生。

陈小春形象的转变，很大程度取决于他的爱妻应采儿。自两人确定关系以后，应采儿大大咧咧的活泼劲儿一点一点地影响了陈小春，让他开始收敛脾气，变得温和起来。

在一次访谈节目中，陈小春说："我从小就喜欢爱笑的女孩，但是一直都没有碰到合适的，我本身就不太爱说话，也不怎么爱笑。遇见她后，她很多时候都在笑，我就觉得蛮好的。"

记得多年前在朋友圈里看过一个视频："岁月友情"演唱会上，陈小春唱起《相依为命》这首歌时，台下的应采儿不停地对自家老公挤眉弄眼，做出各种搞怪动作，隔空传递着暖暖的爱意。而全程一脸严肃的陈小春，看到妻子的那一瞬间，也忍不住笑出一脸的宠溺。

这或许就是爱情最好的状态：你在闹，他在笑。你尽心地配合他出演每一场戏，只因为你看到了藏在他眼中的自己。

02_

上大学的时候，记得系里有个女同学叫小喜。小喜个性腼腆，说话从来不敢正视别人的眼睛，也从不参与班级和社团里的活动。每一次上自习课，她都是默默地走到最后一排坐下。在同学眼里，小喜完全就是一个没什么存在感的人。

后来有一段时间，小喜和一个校篮球队的学长走得很近，两人经常一起漫步在校园里。原本文静得甚至有些自卑的小喜，在学长幽默的谈吐和阳光的笑容感染之下，也逐渐变得开朗起来。

在学长的推荐下，小喜加入了学生会，热心地为同学们组织活动，去哪儿都能看见她活跃的身影。在毕业典礼上，小喜还作为学长的舞伴，在全校师生面前表演了一段双人舞。

这不禁让我们感叹，只有爱情，才会具有这般神奇的魔力。

爱可以改变一个人的性情，也可以改变一个人的生存状态，甚至拯救一个人。也正因为如此，有爱的人生才充满了更多不一样的可能。

03_

在《欢乐颂2》中，安迪和包奕凡是一对颇为抢眼的荧幕情侣。

在安迪最失落的时候，包奕凡总能及时赶到她的身旁，陪她兜风，陪她打拳，陪她倾诉心事，给她带去最大的安慰。

起初，安迪和前男友奇点恋爱时，就曾因为自己患有家族精神病而感到极度自卑，终日活在重压之中，愁眉不展，脆弱无助。

而包奕凡却不一样，他屡出奇招，总能把安迪哄得心花怒放。和他在一起，安迪从未感觉到负担和压力，并且重新找回了快乐的能力。

好姐妹曲筱绡这样说："不能让一个女人大笑的男人，是不能嫁的。"

作为女强人的安迪，物质上什么都不缺，只想找一个可以给她带来快乐并且能让她舒舒服服地做自己的男友，这就足够了。

其实，一个好的恋人，从来不会让你感到纠结和无助。和他在一起，你可以放下所有防备，敞开心房，无所顾忌地与对方相处，并发自内心地感到放松和愉悦。

04_

曾经看过一个这样的小故事：国王有三个女儿，每个女儿都拥有举世无双的美貌，而且她们的眼泪会化作一颗颗价值连城的钻石。大女儿和二女儿的丈夫用她们的眼泪积累了海量的财富，但小女儿和丈夫却家徒四壁，过着贫穷的生活。她丈夫说："即使她的眼泪可以化作昂贵的钻石，但我宁愿贫困潦倒一生，也不许她哭。"

沐儿曾经有过一段很阴郁的日子。那阵子，她患上了抑郁症，整天内心感到难过、压抑、窒息。沐儿几乎远离了身边的所有朋友，把自己困在家中，脑子里不时还会冒出寻死的念头。

沐儿的男友特地向公司告了假，每天守在她的身边，给她买爱吃的零食，陪她去玩游戏，带她旅行散心。男朋友那种乐观自信的性格，深深地打动了沐儿，使得她慢慢走出了抑郁症的阴霾。

最近再见到沐儿时，她又成了从前那个活蹦乱跳的姑娘。她对我说："如果没有男朋友的鼓励和支持，估计我早就活不下去了。经历过这些天的日日夜夜，我终于明白了，在一段感情中，只要收获的笑容比眼泪多，那就是选对了人。"

韩剧《鬼怪》中有一句台词："和你在一起的时光都很耀眼，因为天气很好，因为天气不好，因为天气刚好，每一天都很美好。"

生活不如意事十之八九，所以能和一个让你笑出来的人在一起，很重要。他就像一抹阳光，能驱散你一脸的愁容，让你重新焕发对生活的热爱。无论命运怎么责难你，只要待在他的身边，你就能迅速收拾残局。

当然，最重要的一点是，那个能让你发自内心感到快乐的人，一定很爱你。

有没有想过，这辈子都不结婚了

01_

周末安娜约我出来喝咖啡，向我宣布了一件事儿，原本准备下个月和男朋友领证的她，决定不结婚了。

我说："想法是没错，可是你的父母同意了吗？"

安娜说，正是因为这个事情，出门之前和父母大吵了一架。自己和男朋友之间并没有任何问题，只是他们互相觉得两人的关系还没到结婚那一步。之前之所以打算结婚，是因为家人催促才做的决定。

安娜接着说，婚姻原本是令人憧憬和向往的事情，可如今和姐妹们聚会，一谈起结婚，原本叽叽喳喳的大家就会沉默，这个话题太过沉重。最近，她跟姐妹们说了自己不想结婚的想法，没想到她们居然也深有同感。除了其中一个小姐妹因为不小心怀孕，不得不赶在孩子出世之前匆匆把喜酒给办了，其他姐妹们对于婚姻都抱着不紧不慢的态度，不到最后关头，谁也不想轻易踏进婚姻生活。

她们纷纷表示，在这个年代，其实结婚挺没意思的，就像是配合父母的意愿走个过场，很多时候并不是出于自己内心真实的选择。所以安娜表示暂时不会考虑结婚，而是选择继续和男朋友恋爱下去，说到底，就是不愿意为了婚姻而放弃自由自在的生活。

我们要是到了适婚年纪还迟迟未结婚，总是需要背负家庭的压力和世俗的偏见。如果一直不打算结婚，就会被父母认为是大逆不道。因两代人对于婚姻认知的偏差，引发了多少矛盾与分歧。

在一段感情之中，上辈人往往看重的是结果，而我们更在乎过程。

02_

现实生活中像安娜这种恐婚患者，其实不在少数。

公众号后台收到一位读者的留言："我和女朋友恋爱五年了，父母们都在催我们结婚，可是我自己还没有结婚的想法，所以一直拖着没去筹办婚礼。为此，女朋友和我争吵过好多次，还骂我是个不负责的男人，纯粹就是在浪费她的时间和青春。"他自己也感到委屈，其实自己一直深爱着女朋友，但是一想到结婚，就觉得是个难以承受的心理负担，简直压得自己喘不过气来。所以对于婚姻大事，他是能拖则拖。

正因为他迟迟没有表明结婚的态度，女朋友的家人等不及了，开始给自己的女儿安排相亲对象。他听闻以后变得焦虑不已，害怕因为自己的犹豫不决失去女朋友，导致一段美好的感情就此葬送。

社会舆论给婚姻增添了太多的现实条件，要促成一段婚姻，往往要考虑到房子、车子、彩礼、婚礼花费等众多因素，这就给结婚这件本是美好的事蒙上了一层沉重的压力。至于两个人相爱与否，似乎变成了婚姻当中最可有可无的因素。

所以不少人开始质疑，认为这样的婚姻早已背离了初衷，内心不自觉地便对其产生了抵触情绪。

婚姻本是件幸福美好的事情，却因为这个时代加诸的各种附加条件，扼杀了我们对于婚姻生活的美好想象。

03_

身边太多不幸的婚姻事件，也是导致越来越多的人不想结婚的原因。

居高不下的离婚率，使越来越多的人在婚姻面前望而却步。他们认为，哪怕现在两人的感情再怎么真挚纯粹，婚后也会被生活中各种现实琐碎的问题消耗得一点儿不剩。因为对另一半没有十足把握，所以不敢贸然进入婚姻生活。

我认识一个香港朋友，都快"奔四"了，却一直没有谈恋爱，更没有结婚的计划。

我好奇地问他为什么，他说在自己的原生家庭里，父母之间并不和谐。小时候，父母经常当着他的面吵架，有时甚至还会动手。在这种环境中长大，他就对自己未来的婚姻怀着一种特别悲观的态度。所以，即使到了一个这样尴尬的年纪，他也不想轻易开始一段婚姻，一个人倒也过得自在。

这些年来，身边不乏主动示好的姑娘，可都被他一一回绝了。他坦言，自己并不想耽误对方的青春，他给不了她们一个好的未来。

04_

我们结婚，并不是因为到了某个年龄，或是迫于身边人的施压，而是彼此之间的感情步入了另一个阶段，是自然而然水到渠成的事情。我们之所以对婚姻恐惧，很可能是因为我们并没有遇见那个想要共度一生的人，又或者是目前的感情还不够成熟。这一切的恐惧和婚姻本身并没有任何关系。

有人说，结婚是两个家庭的事情。可归根结底，结婚其实是两个人的事情。如果相爱的两个人愿意为了未来生活共同努力，那么结婚与否其实并不重要，重要的是你们有没有陪对方过下去的心意。

爱你的人，会为了与你过上共同的生活而倾尽所能，哪怕经受折磨考验，哪怕前路充满着无尽的未知。

愿所有人都能在感情中找到最终的归宿，不必再反复纠结于是否该结婚，而是尽情享受婚姻带来的一切美好。

单身的人都在想什么

01_

我有个单身朋友小芒，经常打电话跟我倾诉自己被家里人催婚的烦恼。只要她待在家里，她妈就会整天在她耳边念叨，让她尽快找个男人结婚，不然的话就别再认她作妈了，说出去她都嫌丢人。

让小芒始终不能理解的是，长辈们对于婚姻这件事到底有什么好着急的。

小芒今年才二十多岁，刚刚从学校毕业不久，她的人生就如同一张白纸，充满了各种可能。这个世界还有很多未知领域等着她去探索，她不想让结婚生子这一条路限制了自己的发展空间。

说到当前的目标，小芒说首先是要去考取各类职称证书，提升自己的个人专业技能，让薪水在原来的基础上再翻一倍，那样就有能力去买一些自己很喜欢但目前还买不起的东西。对她来说，现在满足自己的物质所需，比找个男人嫁出去重要多了。

其实我挺能理解小芒的，如果不能让自己变得更好、更优秀，对自己未来的恋人也是一种不负责任。

02_

我有个认识了几十年的朋友大斌，他是个不折不扣的工作狂。前几年从体制内辞职出来，和朋友开了一家公司。如今，生意越做越大，他整天四处奔忙，就连想见他一面都很难。

上次好不容易把大斌约出来吃饭，一顿饭下来他接了十多个电话。

我向他打趣道："如今的你，忙得连品尝美味的时间都没有了吧！"

大斌抿着嘴苦笑了一下。

大斌说，现在他每周的工作行程都安排得非常紧凑，往往是刚在一个地方参加完一个行业会议，一结束马上就要飞去其他地方，还得抽时间和员工们探讨项目，忙得连休息的时间都没有。

这些日子以来，也有不少姑娘主动向大斌示好，可都被他一一婉拒了。大斌坦言，像他这种工作性质的人，真的不适合谈恋爱。正处于事业上升期的他，并没有太多空余的时间留给身边的另一半，所以真的不想因为自己而耽误了她们。

据我所知，大斌小时候家里的经济条件并不好，父母经常为了柴米之事而吵得家无宁日，因此他比谁都明白贫贱夫妻的悲哀。

大斌说，他只想趁年轻的时候好好打拼一下，多攒些积蓄，给未来的她一段安稳而无忧的生活。

03_

前几天看了一部电影《29+1》，讲述的是一个"奔三"的女孩子在面对爱情、事业、生活等方面的困扰时，如何一一去化解，最终与自己达成和解的故事。

主角林若君和女强人上司Elaine聊天时，问了她一个问题："你为什么宁愿选工作，也不愿选择爱情？"

Elaine的回答让我印象极为深刻："每一个人都有第一选择，既然有选择，那就有代价。最重要的是你做了这个选择，你有没有用百分之一百的精神和心思去做好它。如果我尽力了，无论什么样的结果，我都不会后悔，也不会抱怨，做人不就简单快乐多了吗？"

只有忠于自己内心所选，并且活得纯粹、高级而有质量，才会深感此生了无遗憾。

我的另一个朋友果儿，不久前和一个谈了大半年的"富二代"分手了。

分手以后，对方给果儿转了一笔分手费。第二天，果儿就拿着这笔钱去开了一个婚庆策划工作室。

由于经营状况良好，聘请的员工也很尽心尽力地做事，工作室的效益相当不错。经常可以在朋友圈里见到果儿满世界旅游，还真让人有点儿羡慕呢！点开果儿的头像，签名档里写着："永远不要因为痛失爱人而变得自暴自弃，从而放弃了成为更好的自己的所有可能。"

最近一次见果儿时，她说："其实人的想法总会变的，以前的我完全把爱情当作人生的救命稻草，感觉只要一失去就无法再活下去了。随着年龄增长，如今的自己早已不对爱情抱有过高的期望。有谈恋爱的空闲，还不如多策划几个经典案例，多为客户费点儿心思，让工作室实现更多的盈收，这才是我最应该考虑的问题。"

毕竟，经济基础才是一个人在这个社会安身立命的资本。也只有凭真本事挣来的钱，才能给自己带来最大程度的安心。

04_

我特别羡慕身边几个至今依然保持着单身的朋友，虽然他们经常要面对家人的催婚，但是他们的心态很好。即便是一个人的时候，也没有轻易放弃自己，而是把所有的时间和精力都花在自己身上，毫无牵挂地为事业打拼，提升自己，做自己想做的事，享受人生当中最自由而没有顾虑的时光。

他们似乎都不约而同地达成了一种共识："不谈恋爱死不了，脱贫比脱单更重要。"

还有个朋友，他喜欢一个姑娘，追了很久。前些天，那个姑娘嫁给了一个年纪大她一轮的富商。他感到心灰意冷，连夜跑来找我，感慨地说了一句："在这个社会里，如果一个男人没有一定的经济基础，连谈论爱情的资格都没有。"

为什么越来越多的人主动选择保持单身的状态？是因为他们逐渐意识到，只有当一个人在生活中变得独立、自强，通过努力挣钱提高

　　了自身的生活品质，才能吸引到那些同样优秀的人，得到一份"门当户对"的感情。

　　在这个世界上，往往是那些实现了财务自由的人才能把爱情的主动权牢牢地掌控在自己手里。当他们终于遇到那个理想的对象时，才不至于被残酷的现实痛击得鼻青脸肿，才会有底气对他（她）说出那一句"我想跟你在一起"，为他（她）抵御日后的所有风雨。

　　愿我们一生都不必受物质所困，愿有情人终成眷属。

我不会再去看你的朋友圈了

*01_*

前两天，妮妮跑来找我诉苦。她说今天逛街的时候，看到前任和另一个姑娘在一起，自己非常伤心难过。她说："我现在才知道，要忘记一段感情真的很难。"

妮妮之前经常带着前任出席我们的聚会，看着她小鸟依人地依偎在男朋友身旁，我们也由衷地替她高兴。

在妮妮23岁生日的那一周，她男朋友带她去广州玩了几天。他陪她看了期待已久的五月天的演唱会，陪她登上了广州塔看珠江夜景，带她吃了很多地道的小吃。那几天，她过得特别开心，不停地在朋友圈里直播刷屏。

最后一天早上，妮妮起床的时候不见男朋友，而床头却留了一张纸条：妮妮，我觉得咱们还是做朋友比较合适。

这下妮妮彻底蒙了，男朋友花了这么多时间和心思来陪她，就是为了最后跟她提分手？

之后的那段时间，妮妮每天在朋友圈分享苦情歌曲，给前任每一条动态底下写一大堆留言，诉说自己离开对方后有多委屈多难过。后来，前任索性把她删了，可她依旧不依不饶地给对方发好友验证申请。

想过不再关心你的所有，不再期待和你见面，不去看你的朋友圈，不去翻阅你以前的信息，可是很抱歉啊，原谅我真的做不到。

妮妮说，她知道前任一定会回头找她的，所以她愿意等。由始至终，她都觉得他们之间的分手，是一场误会。

那天，妮妮和姐妹在公园散心，见到前任拉着一个姑娘的手从她们面前走过，她顿时傻了眼。

那一刻，妮妮突然意识到自己傻到家了。前任的感情生活明明已经华丽地翻篇了，而自己还苦苦沉溺在分手当中，始终无法走出来。

当妮妮跟我说起这事的时候，还当着我的面狠狠地抽了自己一嘴巴。

"嗯，我会试着忘记他的，一定会的。"妮妮若有所思地说。

02_

记得两年前去云南旅游时，在旅途中认识了一名叫小鹿的女游客。小鹿不久之前和男友分手了，一个人跑出来旅游疗愈情伤。

分手后的那一段时间里，小鹿每天都过得魂不守舍、无精打采，连工作的心思都没有，家人和朋友见了都非常担心。她每天都在想念前任，特地申请了一个微信小号，偷偷地加了前任，每天去看他朋友圈里的动态。

谈恋爱的时候，她就不止一次跟男朋友提过，想去一趟云南，可男朋友总是以工作忙为由，无限期拖延了行程。直到分手，这个承诺也没有兑现。

小鹿一个人走遍了香格里拉、玉龙雪山、大理古城、洱海、滇池，她说，这些地方本来是两个人约好一起来的，而今她一个人悉数游遍了，未给自己留下任何遗憾。

在回程的航班上，我见小鹿和邻座一个商务男聊得兴起，并互换了联络方式。后来，小鹿在微信上跟我说，两人正式确定了恋爱关系。

我以为这辈子都忘不了你了，然而只是一眨眼的工夫，连你的名字都已经变得模糊不清了。

03_

电影《重庆森林》里面有一句旁白："不知道从什么时候开始，在什么东西上面都有个日期，秋刀鱼会过期，肉罐头会过期，连保鲜纸都会过期，我开始怀疑，在这个世界上，还有什么东西是不会过期的？"

是的，爱情会过期，就连对一个人的想念，也会过期。

你总会忍不住想去看前任的朋友圈，忍不住向朋友们打听前任的近况，那就像一种难以戒除的瘾。一方面是对于前任旧情难忘，而另一方面是因为你离开对方的时间还不够长。

在这个过程中，你会无限放大对方身上的好，甘愿把自己丢在那个晦暗混沌的角落，终日在痛苦与爱而不得中饱受煎熬。

当你苦苦坚持了一段时间以后，发现用尽各种方法都无法将对方挽回，而前任的离开已经成了一个任谁都改变不了的事实。那时候的你，一定会在潜意识里，劝说自己主动放下这一切。

你也会渐渐懂得：所有的失恋，都是在给真爱让路。

04_

写公众号以来，后台和留言收到过不少读者发来的故事。

他们总会说："我明知道和对方不会再有未来，但始终忘不了对方。我每天都过得很痛苦，我该怎么办？"

起初，我会回复他们大段大段的文字，试图安抚他们：忘了他吧，你一定可以挺过来的。

后来，我逐渐意识到，当你面对一个深陷情伤的人，任何安慰其实都是苍白无力的。当他们熬过了那些苦痛的关口，遇见了一个比之前更好的恋人，自然而然就会忘掉旧爱的。除此以外，没有任何的捷径和办法。

失恋以后，你要做的不是迅速地忘记对方，而是正视自己身上的怯懦和软弱，从意识层面让自己去接受对方离开的现实，慢慢去习惯没有对方的日子。

你不需要故作坚强起来，反而应该让自己趁早攒够失望，给自己一个彻底死心的理由，然后在人生的最低谷开始迎接崭新的生活。

直到有一天，你不再去看他的微博，不再去翻他的朋友圈，也不再去记挂对方有没有新欢，那就是你放下的时候了。

生活始终会向你证明，即便是失去了对方，你也有能力过得足够好。

你会发现，只要自己彻底地放下一个人，那曾经煎熬你的孤独和无助，都是充满意义并且值得的。

你终会明白，没有谁不可取代。

我们那么熟，你怎么忍心不帮我

*01_*

昨天和许久未见的朋友老区去涮火锅。吃饭期间，老区接了一个电话，挂了之后就一直骂个不停。据我了解，老区是个脾气很好的人，居然也会口出恶言，想必一定是遇上了难以容忍的事情。

刚刚打来电话的这个朋友，是老区在一个饭局上认识的。二人并不算太熟悉，这个朋友却三天两头地求他帮忙。无论是让老区替自己的公司设计LOGO，还是向老区借车送孩子去上大学，每次都以一句"改天请你吃饭"就把老区给打发了。

本来朋友之间，偶尔帮个忙，搭把手，并无不妥，还能促进彼此间的感情，但生活中总有些不识趣的人，喜欢频繁地麻烦别人，甚至索求无度。要是哪天被拒绝了，他们还会责怪你不够朋友。

"有人找你帮忙，你帮他一次，他就会找你十次，并觉得理所当然。当某天你不帮了，他便会忘记你帮过的十次，只记得你不帮的这一次。"面对朋友的屡屡请求，拒绝，显得自己不够大度，还影响了彼此的交情；接受，却又觉得难为了自己，真是左右为难。

02_

之前有个做广告的朋友，经常在QQ上给我发来各种文案，让我帮忙润色一下。有时候忙起来回复晚了，手机就开始被轰炸个不停。

后来，我终于忍不住对他说："我自己也有公事要忙，并不是24小时守在电脑旁边等着接收你的文件的。"

他语气带酸："哎哟，咱们朋友一场，连这个小忙也不愿意帮一下，你也太不够意思了吧！"

凭着朋友的身份随意指使别人干这干那，连请求都是这么理直气壮。我不禁反问一句："到底是谁不够意思了？"

我是你朋友，但没有伺候你的义务。

话说得太绝，除了彼此之间不愉快，还有更好的解决方式吗？

03_

你有过被朋友屡屡占便宜的经历吗？

有些人时刻把交情挂在嘴边，心安理得地占你的便宜，得逞之后还得寸进尺，让你的愤怒无处宣泄。

他们会说："咱们是朋友，你应该无偿帮我，这就是人情世故啊！"

如果对于朋友提出的要求一概有求必应，并不能证明你们之间的交情有多好，只会让你给别人留下好说话的印象。下次遇到状况，他们还是会第一时间想到你。你所付诸的好意，非但不会让对方感恩戴德，有可能还会被对方认为是理所应当。

微信上时不时会收到一些朋友发来的为他们朋友圈投票或点赞的消息，刚开始还很乐意，但久而久之，此类消息越来越频繁，令人不胜其扰。

即便只是举手之劳，可这种理所应当的要求简直叫人冒火，好像自己存在于他们通讯录里的唯一用处，就是要不厌其烦地满足他们的各种要求。

有些人在面对人际交往时，总是"拎不清"。他们自始至终把自己摆在一个"被扶持"的位置，依恃着交情，理所当然地提出各种要求。要是别人不愿帮忙，便犹如亏欠了他们一般，反而会落得难听的骂名。

后来，你会发现，与其不停地迎合生活中那些不识相的人，还不如一开始就拒绝他们。

04_

朋友之间讲求的是得体的相处，而不应该为了一己私欲，差来遣去地使唤别人。那些让你处处难堪而不自知的人，本来就不是什么好人，你也不必一厢情愿地把他们当作朋友。要知道，你并没有让他们占便宜的义务。

"咱们那么熟，你就帮帮我吧。"

"抱歉，我没有你这种爱占便宜的朋友。"

真正的朋友，或许恰恰是那些不会轻易开口让你帮忙的人。他们会把"人情"二字看得比什么都重。一旦得到了你的帮助，他们从来不会生出一丝占了便宜的甜头，反而会感到如芒在背，心怀亏欠，于是便想方设法通过各种形式偿还对方。人与人之间的关系就是在这种有来有往、互相麻烦的过程中得到升华的。

你会发现，那些一味透支社交红利的朋友，终究会消失在你的生活里，成为通讯录里那一连串再也不会拨通的号码。

只有在人际交往中拿捏好分寸，人与人之间才能达成一种亲密而稳固的相处关系。

Chapter 3

一辈子太长，
要和聊得来的人在一起

真正在乎你的人，不会让你等太久

01_

前几天和小沫吃了顿饭，她跟我说了些最近遭遇的感情烦恼。

她和男朋友的相识，源于一次公众号的线下观影活动。那天看的电影是《春娇救志明》，当时男孩就坐在她旁边，两人一边看电影一边聊着剧情，居然有种相见恨晚的感觉，离开时互相加了微信，叮嘱要保持联系。

那天之后，男孩每天都会准时给小沫发送早安晚安，也会经常打电话跟她聊天。这一来一回，慢慢地就"聊"出感情来了，没过多久两人就确定了关系。小沫说，自己寻寻觅觅了好些日子，终于找到了那个属于她的"张志明"。

可是小沫发现，自从男朋友成功追到她之后，态度就变得越来越冷淡，平时信息很少回复，见面的频率也降低了。

最近，男朋友对小沫说自己在负责公司的一个大项目，比较忙，可能要好长时间不能陪她了。好几次小沫给他打去电话，都被他挂断了，之后也没有回拨过来。哪怕是节假日，小沫也只能一个人待在家里无聊地刷朋友圈。她羡慕身边那些有恋人陪伴的朋友，而自己虽然名义上有一个男朋友，可他却从来没有尽到过做男朋友的本分。在自己最需要他的时候，他也没能赶到身旁好好地陪陪自己。

最近每天晚上临睡之前，小沫都会习惯性地打开微信，看看男朋友有没有给她发来消息，可每一次都会感觉到一阵难以名状的失落。

小沫问我，这段感情到底还该不该继续？

一个人喜不喜欢你，对你是否上心，我相信你一定可以感受到的。

所以不要欺骗自己了，真正在乎你的人，怎么会舍得让你等太久？

02_

朋友大力说，最近他喜欢上了一个叫丹丹的女孩。

他和丹丹是在一次朋友的生日聚会中认识的，从此两人的生活便有了交集。

每次丹丹遇上什么事情，都会第一时间想到大力：和朋友逛街逛累了，会打电话让大力开车去接她；搬宿舍的时候，把大力当"苦力"随意差遣；和男朋友吵架了，心情不好，又会拉着大力听她倾吐心事。

大力把丹丹的微信号在通讯录里设了置顶，以便她发来消息时，自己能够第一时间看到并且回复。大力连睡觉也是抱着手机，生怕漏掉丹丹的来电和消息。

大力明明知道丹丹是有对象的，却从不介意，一直默默地充当着那个护花使者。

人一旦喜欢上一个人，只会想着为对方付出，从来不会去计较任何得失。

因为大力不求回报地对自己好，丹丹渐渐开始习以为常。有时候，她非但不领情，还对大力说不少过分的话。

每当这时，大力就会陷入焦虑之中，反问自己这么毫无保留地对丹丹好真的值得吗？

每次当他快要放弃的时候，丹丹又会适时地给他一点儿甜头，让他的内心再次燃起希望。

永远给他留一丝期待，却永远不让他追求到手。丹丹用这一招把大力治得服服帖帖的，让他心甘情愿地为自己当牛做马。

所有的备胎心里面都有一个特别天真的想法：只要全心全意地为对方付出，对方有朝一日肯定会被自己感动。他们深信，自己一定会熬到"上位"的那天。

我对大力说，在这段关系中，你甘愿把自己放在一个卑微的位置，只懂得一味地傻傻付出。久而久之，对方就会形成一种惯性思维，把你对她的好当作理所当然，对你所有的付出都视而不见。

所以，你永远无法感动一个不爱你的人，就如同你无法叫醒一个装睡的人。

03_

你有被在乎的人冷淡对待过吗？

当有一天遇上那些让我们怦然心动的人，我们会心甘情愿地把最好的一切都交给对方，可是他们冰冷的态度会让我们觉得自己所有的付出都是多余的。这时候的我们，往往就会陷入一种莫名的恐慌。对方的一句话或一个举动，都会让你变得敏感至极。

在这段关系中，你始终处于被动的一方。你的所有情绪，都牢牢地掌控在对方手里。

在那个喜欢的人面前，我们会主动地放下防备，却也给予了他（她）伤害自己的权利。

无论你对一个人怀有多么炽热的感情，若是对方在面对你时总是一副怠慢和冷漠的态度，你的喜欢就会变得毫无意义。

等不来的人就别再等了，毕竟你的青春有限，应该把它们留给那些更值得的人。你是最好的自己，别人可以忽略你，但你千万不要忘了好好关照自己。

去追求那些懂得尊重和欣赏你的人。只有和他们在一起，你才会感受到那种发自内心的温暖。

要知道，那些心里装着你的人，不会让你受半点儿委屈。

只恋爱不结婚的人，一定不爱你

01_

那天去参加了彭哥的生日派对。小酌几杯之后，彭哥攀着我的肩膀，呼着酒气对我说："你在公众平台上写了那么多人的情感经历，有没有兴趣听听我的故事？"

彭哥说："我和女朋友谈了大半年时间，最近，女朋友经常催促我结婚。今年过年回家的时候，还老嚷嚷着让我带她回去见家长。当时我就觉得她特别烦人。这样的女朋友，三天两头地逼婚，到底是有多恨嫁？我就是搞不明白，谈恋爱谈得好好的，为什么突然就想到要结婚了呢？"

我说："也许她只是想要一个名分而已。"

彭哥说："我之所以不打算结婚，一方面是因为我想趁着年轻再多打拼一下，等有了一定的事业基础之后再考虑结婚的事情。另一方面，我觉得男人不应该太早被婚姻束缚。结了婚就意味着要生孩子，要面对一大堆日常的琐碎，何必要过早地自寻烦恼呢？"

彭哥抿了一口酒，接着说："昨天女朋友约我出来，说自己等不起了，再也不想把青春浪费在我身上了，随即向我提了分手。我就想，分就分呗，总算耳根能清净一下了。男人要是有了事业，有了钱，难道还愁找不到好姑娘吗？"

我只是笑了笑，没说话。

生活中像彭哥这样的男人，其实还是挺多的。他们总拿工作和事业当挡箭牌，作为不想对姑娘负责的理由。说到底，还是他们的心智未成熟，不值得姑娘们放心地托付终身。

一个真正成熟的男人，必然会协调好事业和爱情之间的关系，不会随意去舍弃其中的一方，也绝不会让心爱的人感到无奈与难堪。

02_

在这里不得不提我的师妹欢欢。她和男朋友是高中同学，今年已经是他们爱情长跑的第九个年头，可至今她男朋友都没有向她透露过结婚的想法。

作为一名正当婚恋年纪的女孩，家里也是多番催促，还不止一次地对她施压："今年内如果你们还不能结婚的话，就赶紧分手吧，别耽搁了彼此的时间。"

欢欢说，她的内心也很挣扎。她一直深爱着男朋友，刚开始谈恋爱的时候，就认定了男朋友是自己未来丈夫的唯一人选。

她也跟男朋友提过，如果有一天他决定迎娶自己，并不需要多么耀眼的钻戒，也不需要多么奢华的婚宴。毕竟，过日子是他们两个人的事，只要他能真真切切地给自己一个名分，她也就心满意足了。

欢欢把最好的几年青春都给了男朋友，就是希望为自己的未来生活谋得一份幸福。

可是男朋友从来没有跟她提及过结婚的事情，就这样一直无限期拖延着。每次欢欢和他聊起关于结婚的话题时，他也都是敷衍而过。

渐渐地，欢欢开始心灰意冷了，她觉得自己在这段感情中看不到未来。随着年龄增长，她内心越来越焦虑不安。她害怕这些年来在对方身上所付出的一切时间，到头来仅仅是感动了自己而已。

我对她说："如果两个人谈了很长一段时间的恋爱，而男方却对结婚一事绝口不提，你就应该明白，他并没有那么爱你。哪怕你再爱一个人，若是对方不能给你一个稳妥的未来，这段关系恐怕也未必可以长久。"

几个月前，两人和平分手了。

后来，在家里人的安排之下，欢欢去见了一个相亲对象，那是一个年纪比她大十多岁的男人。他们一起吃了一顿饭，聊了很多。男人说，如果咱们交往顺利的话，他希望尽快把婚期和结婚的酒店定下来，还跟她说了未来十年之内的生活规划，包括买房，如何安置父母，下一代的教育等一系列关于衣食住行的问题。

当时欢欢心里就在想，或许这就是目前自己想要嫁的人了吧，最起码他愿意对自己的将来负责。

虽然不少人反感这种以结婚为目的的恋爱，但对于欢欢而言，有一个男人能够对自己说出这番承诺，这本身就表明了对自己负责到底的态度，而她的内心也因此感觉到无比安稳和踏实。

03_

有人问，到底谈多久恋爱再结婚最合适？

身边的人曾经给出过一个答案：最好不要超过两年。

相恋第二年，热恋期的新鲜感还未完全消退，彼此的生活习惯和"三观"也磨合得差不多，在这种状态下进入婚姻，对双方而言无疑都是最好的时间点。

如果恋爱时间太长，往往容易导致因为彼此太过了解对方，而失去了结婚的欲望。

人生的出场顺序很重要，在你最想结婚的时候却遇到了一个不能给你未来的人，你一定不愿意继续为他等下去。

在电影《春娇救志明》中，余春娇对张志明说："每一次到了最紧张的关头，你就会抛弃所有的东西，牺牲所有的东西，满足你自己，成全你自己。我真的很需要很需要安全感，我不想要一个长不大的男孩，不如算了。"而故事的最后，张志明克服了自身的怯懦，变成了那个敢于担当的男人，用行动向心爱的女人证明了他的诚意和对彼此未来的信心。

可是在现实中，这种情况毕竟是少数。更多的姑娘因为没有等到那个男人变得成熟，因此就会选择头也不回地离开。她们不愿意傻傻地谈一段始终看不见结果的恋爱，也不敢把自己的青春押在一个迟迟长不大的男孩身上。

04_

杨绛与钱钟书被称为民国文坛的绝世伉俪，在生活中，两人也是一对志同道合的夫妻。

有一天，杨绛读到英国传记作家概括最理想的婚姻："我见到她之前，从未想到要结婚；我娶了她几十年，从未后悔娶她，也未想过要娶别的女人。"一旁的钱钟书听后随即表示："我和他一样。"杨绛说："我也一样。"

杨绛在文章中曾谈到她与钱钟书的感情，她说他们的爱不是盲目的，而是充满了理解，理解愈深，感情愈好。

爱一个人，就想每天和他（她）待在一起，想未来每一天都有他（她）的存在，想陪他（她）看尽世间的良辰美景，花好月圆。爱他（她），就想去读透对方心底所有的需求，也愿意随时随地给予他（她）足够的关爱，兑现对他（她）的所有承诺。

看一个男人对你是不是真心，其中最见效的一点就是看他在对待婚姻问题时所抱持的态度。

如果他含糊其词，总用万般的借口来推搪你的追问，那么他的未来一定没有你。那些愿意为你描述未来生活美好画面，愿意对你的一辈子负责的人，才是真的爱你的人。

毕竟，世上最动听的情话，不是我爱你，而是和你一直在一起。

找一个爱你缺点的人有多重要

*01_*

昨天晚上，小琦打电话向我抱怨，说她简直要被一个追求者给气死了。

渐渐平复情绪后她说，她有个追求者，这段时间对她发起了猛烈攻势，自己对他其实也有点儿倾心。每次同他出去约会的时候，她也会精心打扮一番，让自己看起来更有魅力。

最近的一个周末，这个男生约了小琦去海边玩。因为要下水，小琦特地卸了妆。卸妆后，她就感觉到男生看她的眼神似乎怪怪的，一整天下来话也没多说几句。那天回去之后，男生就再也没有找过她，还经常对身边的朋友提起小琦卸了妆的样子。

小琦听了那样的话，心里当然不好受。庆幸的是，这一次游玩，让小琦彻底看清楚了这个男生的"真心"。她说以后找对象，再也不会看他的硬件条件有多好，也不会看究竟能不能聊得来，只会看他能不能接受自己素颜。

如果一个男人对你的容貌都百般嫌弃，你还能指望他会陪你走过漫长的余生吗？

02_

最近和大牛喝酒，他一脸愁容地跟我诉苦。

他记得自己刚开始追求女朋友乐乐的时候，女朋友的形象在他的心目中几乎是满分的。随着与女朋友相处时间的增多，大牛发现了女朋友身上更多的缺点。他觉得女朋友和以前的形象相差太远了，特别情绪化，而且还不听人劝，遇事喜欢自作主张。前两天，两人还因为订生日蛋糕大吵了一架，到现在还互不理睬。

我不止一次听身边的人提到，跟伴侣相处起来感觉很累，实在忍受不了对方的缺点，心里已经有了分手的打算。可是我想说的是，即便再换100个对象，你还是会面临同样的问题。

要知道，女孩子只有在那些亲近和信任的人面前，才会毫不避讳地向对方展示自己最真实的一面，因为她们相信，如果对方足够在乎自己，那么一定不会轻易离开。

世上本无完人，与其一味地嫌弃对方的缺点，不如尝试着去理解对方。毕竟，我们本身也不是一个毫无瑕疵的人，有什么资格去埋怨对方呢？

03_

电视剧《欢乐颂2》中，小包总这个角色让我印象深刻，感觉他就是一个"行走的荷尔蒙"，让任何女人都难以抗拒。

有人认为，安迪之所以会接受小包总，是因为奇点让她觉得自己有病，老谭则是努力向她证明她没病，而小包总呢，他让安迪觉得全世界都有病。

这虽然只是句玩笑话，但细想之下也不无道理。

爱一个人，就应该爱他（她）的全部。如果接受不了他（她）不完美的一面，那也不配得到他（她）最好的部分。

前阵子因为工作原因要搜集一些资料，特地去拜访了一位作家前辈，一进门就感觉他们家里的气氛特别和谐。

前辈的老伴笑着向我问好。在给我倒茶的过程中，她不小心打碎了一只杯子，被一旁的前辈轻声唠叨了几句。

忙完工作以后，我和前辈坐在沙发上聊了会儿。看着墙上各处挂着的前辈和老伴在各个时期的合照，我对前辈说："看得出来，您和您的妻子相当恩爱，能不能说说你们的相处之道？"

前辈说以前他们两人都年轻气盛，一闹起矛盾来，谁都不愿意让着谁，也曾经想过不再和对方过下去了。但慢慢地，他觉得老是为了这么一点儿小事而吵吵闹闹，过得也挺没意思的。

前辈喝了一口茶说："我这老伴啊，记性不好，做起事来也特别马虎，做菜经常忘了放盐。该说的也说过了，可她就是改不过来，那能怎么办？难道日子就不过了？不能够吧。后来，我也发现了，与其纠结于对方身上的缺点，倒不如学会与它们和谐地相处。久而久之，我也逐渐明白了，夫妻之间，包容很重要。"

这些年来，夫妻俩见证着彼此的变化，也足够了解对方身上那些大大小小的优点和缺点，而他们却从来没有想过要把对方改造成自己喜欢的模样，而是相携着，走过了人生那么多的风风雨雨。

大概，这就是最好的爱情吧。

04_

蔡康永说过："如果要爱，我必须爱一个真实的人，意思是这个人有缺点有弱点，会欺骗会犯错，会病痛会死掉。如果我爱了这个人，我只有整个人都爱，不是因为我昏昧，也不是因为我倔强，是因为，这是我唯一相信的爱的方法。如果我只爱了这个人美好的一面，我心里会知道，其实这次我没有真的爱。"

我们都是平凡人，难免有很多不足的地方，但我们更希望的是身边的另一半不是只会抓着我们的缺点不放，费尽心思地挑剔我们的各种不是，而是能够发自内心地去珍惜这个并不完美的自己。

对于伴侣而言，这才是最起码的包容和尊重。

一个理想的情人，一定不会想着去改变你原本的模样。他（她）只会悉心地照看着你，让你从容地做自己。

欣赏你优点的人固然很多，但是能够毫无条件地迁就你的情绪，容纳你身上所有缺点的那个人，一定是真的爱你。

为什么最好的恋人都是别人家的

01_

昨天晚上，妮妮跑来找我诉苦。她说今年的生日过得特别不开心，严重怀疑自己找了一个假的男朋友。

我好奇地问："怎么啦？"

妮妮说："平时看别人在朋友圈晒的生日礼物，都是玫瑰花、手袋、化妆品、烛光晚餐什么的，而我这苦命的女人连个小红包都没有收到。真怀疑自己当初是瞎了眼睛，才找了这么一个榆木脑袋。"

我也在一旁替她愤愤不平。作为男人，连自己女朋友一年一度的生日都没有任何表示，让她没有拿得出手的礼物去拍照发朋友圈炫耀，想必没几个姑娘能忍受吧。

妮妮突然一脸认真地问我："有个问题我一直以来都想不明白，为什么男朋友都是别人家的好？"

02_

有一次刷朋友圈，看到一个姑娘说自己和男朋友闹别扭了，男朋友随即给她发了一个 52013.14 元的红包恳求原谅，姑娘高兴地把截图晒到朋友圈里，评论区瞬间炸开了。

我看见好几个熟悉的女性朋友在底下回复：

"不要原谅他，这种男人迟早还会继续犯错的。为了惩罚他，请立马与他分手，然后把他的电话和微信给我。"

"弱弱问一句，这种男人上哪儿找的？请给我来一打。"

"有一种好男人，叫别人家的男人。我家那位先生从认识到现在，连一毛钱的红包都没给我发过。"

不得不佩服，这种层次的秀恩爱，简直秀出了新高度。

很多时候，看着朋友圈里其他人各种晒截屏秀恩爱，姑娘们难免会感到自卑。怎么别人家的男朋友个个又帅又多金，对女朋友还这么好呢？为什么自己就遇不到这样的"完美恋人"呢？

然而大多数人所不了解的是，就算是他们眼里的"完美恋人"，也会有很多男人都会有的坏毛病：抠脚趾、偷瞄女生、说话粗俗、懒惰放纵。那些高调晒幸福的情侣，私底下也会为了一点儿鸡毛蒜皮的事情而发生争执，也会因为隔膜与误解而互相不理睬。而不知内情的你，只看到了他们闪闪发光的一面。

曾经有个女性朋友向我哭诉自己的老公曾动手打过她，我几乎不敢相信她说的话。要知道，她老公家境殷实，给外人的形象一直都是优雅得体，还被不少朋友夸赞过有教养。如此大的落差，真让人大跌眼镜。

或许别人眼中所谓的"完美恋人"，从来就不曾存在吧。

03_

我记得小时候有一种特别讨厌的"生物"——父母口中的"别人家的孩子"。他们成绩拔尖，品行端正，堪称学生时代的模范样板，分分钟能碾压自己几条街。

长大以后，社会上也充斥这样一种说法：别人家的老婆才是最好的。不但身材俏，颜值高，还能入得厨房，出得厅堂，进得卧房，集合了想象中一切完美女性的特质。相形之下，自己身边的女人无论是状态还是表现，总是让人难以满意。

人与人之间，最怕的就是比较。身边优秀的对象越多，越容易产生嫉妒和伤害。

男朋友向你求婚，给你送了一枚钻戒作为定情信物。那一刻的你感到心满意足，觉得自己简直是全天下最幸福的女人，巴不得晒个朋友圈让大家知道。不久后，却意外看到闺密手上那枚钻戒明显比你的要大，你的满足感顿时被大大削减，甚至还会陷入纠结。

看过一句话：幸福是比较出来的，不幸也是比较出来的。有的人善于比较别人的不幸，珍惜自己拥有的，于是感到满足；有的人习惯比较别人的幸福，拥有再多也只会怨天尤人。幸福感需要阿Q精神，幸不幸福只有自己有话语权。你越是诉苦，离幸福就越远；越是知足，幸福就能常住心里。

人一旦陷于比较，心态便难以平衡。不拿别人的幸福来打击自己，我们才会真正获得满足，才能对生活和身边的恋人多一份肯定与包容。

所以，当你捡到了想要的贝壳，就不要去海边了。

04_

当年，李湘嫁珠宝富商李厚霖的时候，两人的婚礼办得轰轰烈烈，引来众人羡慕的目光。只可惜，婚后的李湘并没有过上想象中的幸福生活。李厚霖出轨，导致两人感情破裂，婚姻仅仅维持了一年多便宣告结束。

在所有风光和体面的背后，有着多少不为人知的艰辛与隐痛，大概只有当事人自己心里最清楚。

找一个在世俗眼中完美的恋人，是很多人都梦寐以求的事情，但我们往往忽略了真正值得相信和托付的，其实是那些爱自己、适合共度余生的人。

之前和一个广告公司的姑娘聊天，特别欣赏她对另一半的看法。她说："我从来不羡慕别人家的男人，总是相信自己选择的才是最好的。别人的男人可能有房有车，但是他心里有我啊。他为人老实靠谱，会过日子，做得一手好菜，也很孝顺我父母。有他在身边，我从来没有羡慕过任何人。"

"完美恋人"不仅仅取决于对方身上所具备的条件，以及切实对你好的行动，更在于你对他（她）所抱持的态度。

别再一味地抱怨身边的恋人了，我倒希望你的另一半在你的塑造与调教之下，有朝一日也能成为别人眼中艳羡的对象，以及自己手中那张抢不走的王牌。

对方仅展示最近半年的朋友圈

*01_*

上周，哥们儿阿信来找我，跟我聊了聊他的烦心事。他最近交了个女朋友，可翻她的朋友圈时，却只能看到对方最近半年的动态，再之前的就看不见了。

阿信疑心重重地问："我就是搞不明白，她是不是对我有所提防啊，难道喜欢一个人不是应该向他坦白自己的过去吗？"就为了这事，阿信生气地去质问姑娘，两人甚至吵起来了。我笑他："哥们儿，你真是榆木脑袋啊。每个人都有一些不想对他人提及的往事，你硬是要刨根问底，试问哪个姑娘能受得了你。"

他居然满脸委屈："我不也是为了更好地了解她嘛！"

一个聪明的恋人，从来不会随便挖掘对方过去的秘密，因为他们清楚，有些事情见光了，会对彼此的关系造成巨大的负面影响，倒不如一直蒙在鼓里好。

朋友阿信的穷追猛打，不但显得缺乏自信，而且还会被姑娘贴上心胸狭隘的标签。男人若是真爱一个女人，就不要轻易去过问她以往的感情经历。如果你太介意她的过去，你们是不可能有一个好将来的。

我觉得所有男人在面对现任女朋友时，都应该有《好先生》里江浩坤的那种觉悟。他对未婚妻甘敬说的那句台词，至今让我印象深刻："他是你的前半生，我没办法抹去，我也不想抹去，因为，那是属于你的过去。我爱的就是从以前到现在，这个完整的你，我更在意的，是怎么去珍惜你的后半生，因为那才是属于我们的未来，是我们的新生活。"

02_

最近更新了微信，打开朋友圈里的设置，发现了一项新功能：可以限制他人查看自己朋友圈的时间范围——全部、半年以内还是三天之内。

身边的好些朋友觉得微信的这项功能实在是太好用了，再也不用一个一个地删除自己以前发的做过的傻事、说过的蠢话，以及那些不想让人知道的"黑历史"了。

而我倒是认为，这个功能似乎是为那些情侣们准备的。

毕竟，每个人都难免会有一些不希望告知现任恋人的恋爱史。如果你的感情故事已经翻篇了，朋友圈里那些和前任有关的动态还没来得及删除，又刚好不凑巧被身边的恋人发现了，他（她）们的心里难免会有些说不清楚的滋味。

将朋友圈内容的可见范围设置为一个周期，隐藏部分真实的自我，才能最大限度地避免与现任产生不必要的芥蒂和误会，彼此间相处起来才会更加从容淡定。

03_

莉莉说，如今回想起往日和恋人一起相处过的时光，还是会有些心酸。

莉莉曾经毫无保留地爱过一个人，那时候的她只想向全世界证明他的存在。两个人相爱时的点点滴滴，都被她公开在朋友圈里。当时的莉莉就是一个被幸福环绕的小女人，她天真地以为幸福会永远青睐自己。

陷入热恋中的女人是不会设想未来与恋人之间的关系会不会存在变数的，她们只会把自己一股脑地交给对方，然后尽情地享受爱情的甜甜。

可渐渐地，她发现男朋友变了。从一开始对自己热情有加，到后来的不耐烦与冷淡，只用了短短不到半年的时间。

当初说喜欢自己的是他，说想娶自己过门的是他，可后来，怪自己无理取闹、对自己爱理不理的人，也是他。

莉莉这时才明白过来，当他爱你的时候，你就是他的全世界。当他不再爱你了，你的呼吸都是错的。

莉莉修改了自己的好友设置，所有人都只能看她半年以内的朋友圈动态。她不愿让那些过往的经历暴露在所有人的眼皮子底下，那简直是对自己无情的嘲笑。

后来她也想开了，只要两人相爱过一场，就该值得庆幸。失恋让她看起来像老了10岁，再精致的妆容也遮盖不了她那张憔悴无神的脸。望着镜中的自己，她暗暗发誓：决不能让自己再继续难看下去了。

她永远也不会忘记姐妹对她说过的一句话：你不要因为失去一个男人，而毁掉自己生活的全部，别再拿过去的回忆来折磨自己了，好吗？

失恋后的半年时间里，莉莉不断和姐妹们出去旅游散心，购物逛街。慢慢地，她重新变得开朗起来，身边也有不少男人主动追求她。她已经从那段伤痛中走了出来，再也不会为失去一个不爱自己的人而纠结自责了。

好在时间终能抚平一切伤痕。告别了上一段失败的恋情，她还来得及重新开始一段新的生活。

04_

亦舒说："切勿将失恋形容成一件寻常的事，它一点儿也不好玩，它摧残一个人的自尊与自信，使人余生茫然趴在地上一片片拣拾碎片，如果你曾经深爱或失恋，你不会提到它们。"

那些我们不愿面对的往事，被安放在记忆深处的角落里，再也不敢轻易去触碰，偶尔忍不住了，就去翻一翻那些不再对外人展示的朋友圈，也算是缅怀那些无法重来的人与事的一种形式。

据说金鱼的记忆只有7秒，短到刚刚吃了什么，游过什么地方，都会忘得一干二净。所以，哪怕它们是待在逼仄的鱼缸里，也会对生活充满热情与渴望。

记性不好，才是一个人活得开心的最大的优势。

给自己一点儿时间，让过去都过去，未来才会如约而至。

一辈子太长，要找个聊得来的人在一起

*01_*

和君君喝下午茶，君君说，她发现自己的男朋友其实并不在乎自己。

遇上心情不好的时候，君君特别想找个人聊聊天，排遣一下心中的苦闷。她给男朋友打去电话，男朋友却总是推说自己有事要忙，往往还没说上两句话他就把电话挂了，发过去的消息，也要等上很久才会有回应。

见面约会的时候，男朋友经常闷着头玩手机，对她不理不睬，感觉就像把她当作透明人一样。君君大概估算了一下，有时候他们一天说的话也不超过十句。她感觉自己就像是在和空气谈恋爱一样，完全没有得到男朋友应有的重视。

前几天，两人因为一点儿小事闹了矛盾，男朋友二话不说扭头就要走，君君气得对着他嚷嚷："你和我在一起永远都是无话可说就对了！"

"如今我才发现找一个能聊得来的伴侣实在太重要了。虽然男朋友愿意把信用卡给自己随便刷，每逢节日也会给自己送鲜花礼物什么的，但我还是希望他可以抽出时间来陪我说说话。"君君无奈地说。

相信没有一个姑娘不希望自己的男朋友能够时时刻刻体察自己的处境和心情，如果对方从来不关注你的情感需求，不愿意好好沟通，总是让你在这段关系中感觉被忽略，那一定是因为对方爱你爱得不够深。

02_

在这个世界上，有多少感情是毁于"无言以对"这四个字的。

很多伴侣平时的话并不多，以为这是热恋过后的常态，所以从来没有正视过他们之间存在的问题。其实，彼此之间一旦缺乏了最基本的沟通，这段关系往往是难以持久下去的。

前些年公司组织旅游，允许员工带上家属，同事欧哥带了自己的老婆和孩子一同前往。我发现逛景点时，欧哥总是抱着儿子自顾自地走在前面，而妻子则在后面不紧不慢地跟着。乘车的时候，夫妻二人也是在座位上各自忙自己的事情，从来没见过他们与对方有过任何亲密的互动。在外人看来，两个人完全没有表现出一对夫妻该有的样子。

上周，无意间听到同事说欧哥离婚了，原因是欧哥的妻子屡屡抱怨与他难以沟通，两人无法生活在同一频道上，无奈只好分道扬镳。

夫妻之间一旦缺少了沟通，彼此之间的亲密关系很容易疏远，最终成为两个毫不相干的过客。

一辈子太长，一定要找个聊得来的人在一起。

当你遭遇了烦心事，他会贴心地为你开解，替你摆平一切的不如意。

当你生病的时候，他会对你嘘寒问暖，让你的心里稍稍好受一点儿。

当你感到失意无助时，他充满善意的鼓励和拥抱，瞬间就会扫除你身上的所有负能量。

有他在的日子里，你的生活绝无冷场，永远谈笑风生，心里透着满满的乐观和暖意。

03_

有一次和几个朋友聊天，哆哆说今年是她和男朋友相恋的第五个年头了，他们的感情一直很好。她每天临睡前都要和男朋友煲电话粥，互道晚安，有时候聊得兴起，说上一整个通宵也是常有的事儿。我们问她，你们都在一起那么多年了，怎么还有那么多话可说啊？她满脸惊诧地反问我们："如果和他连这点儿共同话题都没有，我们还能顺利走到今天吗？"

那一刻，我们一桌人顿时无言以对。是啊，你若是深爱一个人，总会愿意跟他说上好多好多的话，哪怕是一些无关紧要的废话，也一定会乐此不疲地和对方聊下去的。

　　在一段好的感情里，两个人永远都是舒服自在的。你能适时地看透我心里的想法，我也能明白你说出的每句话的深意。你抛给我的每一个话题，我都有接着说下去的欲望。两人无论聊上多久，也从来不会觉得腻。

　　如果双方缺乏了最起码的沟通，导致好些话埋在心里太久，很容易就会形成积怨。遇到问题时，勇敢地同对方说出内心真实的想法，也比一言不发要强得多。要知道，语言从来都是感情交流的基础。

　　爱一个人，就是愿意待在他的身边，与他说上一辈子的情话。

　　而你，找到那个和你聊得来的人了吗？

遇见你之后，我没有了择偶标准

*01_*

电视剧《三生三世十里桃花》热播的那段时间，我的朋友圈被"夜华"这个角色刷屏了。

身边的姑娘们都被夜华迷得神魂颠倒，纷纷表示自己的少女心都被酥得渣都不剩了。有人说，夜华几乎符合了世间所有完美男人的设定——长得帅，有钱，有权，温柔，霸道，专一，会做饭，会带娃，疼老婆。很多姑娘坦言，找老公就该要按照这个标准来找。

还有粉丝甚至翻出夜华的饰演者赵又廷在婚礼上对妻子高圆圆说的一番话："亲爱的圆圆，我们一直都说我们好幸运。我们在对的时间遇到最对的人，我们一定要珍惜，我发誓永远对你诚实，永不欺骗。对你的家人，像对待自己家人一样照顾，爱他们，永远把你和我们的家排在第一位。"言语朴实，感情真挚，可以看出，戏外的他同样是个实打实的"宠妻狂魔"。

朋友圈里有好几个女性朋友发了动态，说自己做梦都想嫁给夜华

这种类型的男人，可是我记得她们不久之前才刚说过自己迷恋的是
《微微一笑很倾城》里面的阳光大男孩肖奈，这两个角色怎么看都不
像是同一款男人啊！

只能说，新时代女性的择偶标准每时每刻都在变化之中。

02_

可可还是单身的时候，就曾经说过她对另一半的要求其实很简
单：个子不用太高，有一米八五就好；家庭条件不用太优越，名下有
五套房产就好；样子不需要太帅，长得跟鹿晗差不多就好。

我听完以后险些站不稳脚跟，这择偶标准可一点儿也不简单。

后来，可可找了一个男朋友，实在让我们大跌眼镜。对方是一个
普通程序员，身材瘦弱，身高一米七三不到，家庭条件一般，完全不
符合当初可可设定的那种硬性指标。我去问可可，她支支吾吾答不上
话，说自己就是稀里糊涂被他骗了。

我们一致认为，大概可可在这段感情中也只是存着"骑驴找马"
的心，只要遇上更好的对象，肯定会第一时间踢掉程序员男朋友。直
到一天，可可在微信群里晒出了他们的结婚证，我们才敢相信，程序
员男朋友自始至终并不是备胎，而是她的真爱。

在我们的逼问之下，可可才愿意承认，自从遇见现在的丈夫以后，
她早已把之前设定的那些择偶条件忘得一干二净。她说："只要陪在
他身边，我心里就觉得暖洋洋的。"

遇见你之前，对于恋人我有过太多苛刻的条件；可是在遇见你之后，我的条件只剩下一个——只要是你就好。

03_

L先生和H小姐本是同事，经常在单位里互相揶揄对方。H小姐是个胖姑娘，尝试过各种减肥方式，却始终无法如愿，也曾经被L先生当着所有同事的面开过一句很损自尊的玩笑话："哪怕全世界只剩下你一个女人，我也不会要你的。"

后来在长久的相处过程中，彼此产生了莫名的好感。他们坦言，彼此一开始都不是对方喜欢的人选，却不知道犯了什么邪，就鬼使神差地爱上了对方，还生出了要与对方相伴过完此生的念头。

作家菲茨杰拉德在《了不起的盖茨比》里写道："爱情这东西，既不取决于你或者对方的自身条件，也不取决于双方天性匹配。爱情的关键在于时间，在于时机，你何时靠近她的身边，何时走进她的心里，何时满足对方对于爱情的需要，太早或者太晚了都不行。"

一段感情的开始最讲求的是契机，你永远无法预知自己将来会遇到一个怎么样的人。你会希望保持理想恋人的原则与期待，而最后留在身边的恋人往往与当初勾勒出来的形象相去甚远。

所谓爱情，就是一场将错就错的游戏。哪怕你爱上的这个人并不符合预期，而你依然选择义无反顾、不计回报地爱着他（她），就像爱着自己一样。

人生最美丽的意外，不外乎是自己走着走着，就突然遇到了那个命中注定的恋人，然后一不留神，就与他（她）默默白首了。

你不是我喜欢的那种人，可是我此生愿意和你走下去。

*04_*

你在心中有没有想过理想伴侣是什么样的？

你对于他（她）的身材、相貌、人品、学识、家境都有着明确而严格的要求，似乎即便只是偏差了毫厘，都难以进入你的法眼。

我们在谈恋爱之前，总会把各种各样的条件和标准加在未来的那个人身上，可殊不知，一旦陷入感情，人就会变得不再理性，就会把当初设定下的所有标准抛诸脑后。心中除了他（她）以外，再无别人。

你会抱怨身边的男朋友不够好，会嫌弃他身上这样那样的缺点。可他和别的姑娘多说一句话你都感到充满了威胁，好像下一秒他就会被人抢走似的。或许，这就是所谓的真爱吧！

他不是你喜欢的那种人，却是你喜欢的那个人。

余生很长，只想找个爱的人在一起

01_

过年期间，和亲戚们聚餐，饭桌上始终离不开婚姻这个话题。他们总会说："找到对象了吗？""谈了好长时间了，赶紧把婚结了吧"……你微笑地应付着，心里却明白，爱情和婚姻终归是两个人的事，与别人无关。

琪琪给我发来消息，抱怨这些天来被家人们各种逼婚。"要是明年还找不到男朋友，我也不乐意回家过年了。"琪琪无奈地说。

今年过年回家，三姑六婆听闻琪琪还没有男朋友，都张罗着要给她介绍对象，甚至有人说："你在一线城市工作，月薪过万，人也长得不差，居然还没有对象，一定是太挑吧！"

在别人眼里，过了28岁还未嫁人的琪琪，是个标准大龄剩女。新年这几天，她耳边一直萦绕着母亲的唠叨声："你都是个'奔三'的姑娘了，还不抓紧时间找对象的话，再过两年就更难嫁了。"琪琪终于克制不住自己，和母亲大吵了起来。琪琪不明白的是，家长为什么非要逼着自己结婚生子？难道随便找个男人领证结婚，就会幸福吗？她把自己反锁在房间里，门也不出，眼泪止不住地流。

哪个姑娘不渴望被爱？又有哪个姑娘喜欢一个人孤零零地单着？越是年龄增长，我越是明白爱情这事儿，其实就是可遇不可求。

琪琪认为，年龄从来不是衡量一个人是否要结婚的先决条件。她对于婚姻始终坚持的底线就是，两个人必须相爱，否则宁可一辈子不婚。所以，能否遇到那个对的人才是最重要的。无论多久，她都会一如既往地等下去，而不是将就着找一个人，凑合着度过余生。毕竟自己的人生，只能由自己负责。

02_

"婚姻可能是合作，但爱情和付出，也许从来都是自己的事。没有任何一种强势的逼迫和道德的绑架能维持一份长久的心甘情愿。"这是我非常喜欢的一句话。

我们结婚，是为了让自己的人生更幸福。如果不找一个相爱的人，为什么要拿自己的人生来冒险呢？我们一个人也可以过得很好啊！然而，这世上有多少人渴望能得到一份真挚的感情，却因世俗的压力，走上了还未恋爱就被迫结婚的道路。沉寂在他们心底的不甘，又有多少人真正理解过？

小薛在亲友撮合下的一次相亲中，认识了一个自己并不喜欢，但经济条件不错的男人。在父母们的劝说之下，小薛嫁给了他。婚后，她发现自己与丈夫性格不合，难以磨合到一起，半年后她便向丈夫提出了离婚。如今，小薛经营着自己的服装事业，一个人过得也很好。

谈到自己的婚姻问题，小薛感慨道："如今不再是一个缺了谁就活不下去的年代了！并不是说我对婚姻持抗拒的态度，而是遇到合适的以后才会和他在一起，不然就一直单着。毕竟，让自己变得足够优秀，也是一件不容忽略的事情！"

03_

记得在看电影《剩者为王》的时候，片中金士杰老师饰演的父亲与女儿的相亲对象白医生相诉衷肠的一段话，令我记忆犹新："她不应该为父母结婚，她不应该到外面听到什么风言风语，听多了就想结婚，她应该想着跟自己喜欢的人白头偕老，昂首挺胸的，特别硬气的，憧憬的，好像赢了一样。那天什么时候到来我不知道，但我会和她站在一起，因为我是她的父亲，她在我这里，只能幸福，别的都不行。"

女主角的饰演者是被媒体称为大龄剩女的舒淇，如今，她也找到了自己的另一半——冯德伦。试问，年轻的我们还有什么理由觉得自己是被剩下的那一个呢？

面对长辈们的催婚，我们更应该守住本心，坚持自己的底线和选择。没有人能对你的婚姻负责，只有把选择权牢牢地掌控在自己手里，才能在日后的婚姻生活中少一些悔意，哪怕这条路最后走错了，也不能怨责别人，自己一人承担就好。

　　真心希望每个人的婚姻都是建立在两人相爱的基础上的，而不是因为压力或是一纸婚书勉强做出的决定。希望你也能对未来的那个他（她）说："我喜欢你，并不是因为你的条件有多好，而是我确切地相信着，这辈子，我只想和你相守着度过。"

　　余生很长，找个爱的人在一起，才是每个人与生俱来的使命。

你念念不忘的人，早已爱上了别人

01_

国庆期间，和瞳瞳见了一面。在谈到她前任结婚的事时，她刚开始还叽叽喳喳，把这事说得云淡风轻，好像跟自己一丁点儿的关系都没有，可说着说着，她就难以自控地泪流满面。

前阵子，从朋友那里打听到前男友结婚的消息之后，瞳瞳还特地跑到了他家。远远地看着他们家门口贴着的大红喜字，想着跟他一起相处过的那段时光，一股酸涩就涌上了她的心头。

瞳瞳说，尽管她又找了一个爱她的男朋友，自己明明也知道已经不可能再和前任在一起了，可不知怎么回事，她依然念念不忘。

是不是有些人一旦爱过了，这辈子都不会忘记？

02_

有个读者给我留言说，放假期间，他去参加高中同学会，见到了他的初恋。他说，即使如今他已经有了属于自己的家庭，可每当听到别人提起初恋的名字时，心里依然会泛起一丝惆怅。

这些年来，他的心里藏了很多想对初恋说的话，可真的见到她了，那些话却憋在喉咙里说不出来。他们客套地扯着家常，聊孩子，聊工作，聊新房子的装修，然后礼貌性地碰了一杯，祝对方一切安好。

临别时，他加了初恋的微信。他一条条地翻看着她的朋友圈，看到他们一家三口其乐融融的照片时，也不禁会回忆起那段青涩岁月，想着要是当年他们不顾父母的反对硬要在一起的话，现在的人生会不会有所不同？

每一段无疾而终的感情，都注定会留有遗憾。这种遗憾永远不会消失，我们终将带着它们走过不长不短的余生。

03_

曾经在网上看到过这样一条对话：

A：你还记得她吗？

B：早就忘了。

A：我还没说她是谁。

我想，每个人的心里，都住着一个忘不了的人吧。

时隔多年，你以为自己早已把那个人的名字抛诸脑后了。你并没有刻意去想他，可是那段揪心的过往，在夜深人静的时候依然会鬼魅般钻进你的心里，让你忍不住大哭一场，哪怕你比谁都清楚，这辈子你们再也不可能回到当初那种单纯的关系了。

李宗盛和前妻林忆莲的婚姻关系只维持了七年，2004年，两人协议离婚。后来，每一年李宗盛开演唱会，提起前妻林忆莲时都会哽咽落泪。而前妻林忆莲也多次在公开场合表示，李宗盛是她生命中最重要的人。

当年，李宗盛和林忆莲曾在上海定居过一段时间，上海这座城市对于两个人而言，有着太多难以割舍的回忆。有一次，李宗盛在上海开唱的时候直言道："我并不喜欢上海，我在上海失去了人生好大一块，我花好多时间来和这个城市和解，每次走在上海的街头巷落，心头都会有一些莫名的思绪……"

著名诗人聂鲁达说过："爱情太短，遗忘太长。不是遗忘太长，而是根本无法遗忘。不是无法遗忘，而是根本舍不得遗忘。"

无论分手的滋味有多糟糕，毕竟对方曾经在生命中的某个阶段陪你走过一程，你永远也不会忘记那个他（她）。当所有悲伤的情绪褪去以后，你仍然会怀念当初自己奋不顾身地爱上对方的情形，那时的你是多么认真而勇敢啊。

04_

我有个朋友，之前一直单恋着一个在花店工作的女孩。后来，那姑娘嫁到国外去了，他为此伤感了好长一段时间。我们后来也发现，他找的每一任女朋友身上多多少少都能看到花店姑娘的影子。

一次聚会中，朋友喝得酩酊大醉，对我们袒露了心迹。他说："哪怕过了那么长时间，花店姑娘的影子还是在脑子里挥散不去。"这些年来，他频繁地更换女伴，也是为了寻回当初在她身上所寄存的温度。

另一个女性朋友也曾经跟我说过，自从结束了上一段感情之后，她经常把自己反锁在房间里，循环播放着一些伤感的情歌。后来，无论在什么场合，只要一听到那些伤感的情歌，她就会抑制不住，情绪崩溃。

曾以为花几个月或几年的时间，就可以把对方的名字从记忆里彻底抹去，可当你真正失去那个你爱过的人时，用一辈子的时间来遗忘都是不够的。

念念不忘，那只是属于孩子们的情绪。在成年人的世界里，好聚好散才是最好的结局。礼貌地告别，淡淡地放下，然后，不动声色地爱上别人。

"怎样忘记一个曾经深爱的人？"

"我什么都没有忘，只是不再提起。"

承认吧，你就是想结婚了

01_

圈子里的一个女性朋友奕纯最近突然频繁地相亲，还经常让身边的朋友给她介绍对象。

起初，我们以为她是被家人催婚催得急了，迫切地想要找个人嫁出去，没想到她却慢悠悠地说，也没有啦，只是自个儿有了结婚的想法。

谁能想到，这个曾经对感情抱着随缘态度的姑娘，如今居然也想要结婚了。

奕纯说："单身看上去似乎是一种很理想的状态，无拘无束，活得特别自我。可随着年龄的增长，心里那一份笃定的依赖感也变得越来越强烈，只想着尽快找个人安定下来，这才是正事儿。"

有一次，奕纯去参加一个闺密的单身派对。派对中有好几个年薪上百万的职场"女魔头"，一整晚都在聊行业动态，聊房价，聊奢侈品。她们独立坚强，压根儿不需要男人，自己就可以把自己照顾得妥妥帖帖的。

到了下半场，大家都有点儿喝多了，开始互诉衷肠。

有人说，女人若是习惯了一个人生活，很快就会变得无所不能，灯泡坏了自己换，电脑出问题了自己修。每天加班到深夜，一个人开车把自己送回家，强大得足以应付生活中的一切，活成了自己最想要嫁的男人的模样。

也有人说，作为女人，哪怕挣的钱再多，事业再成功，如果缺少了男人的呵护，多多少少也会有些遗憾。

她们说着说着，突然哭着抱成一团。而在一旁的奕纯，当然也能体会到她们对于婚姻的那种焦灼感。

奕纯的身边也有不少因为遇人不淑而闹离婚的姐妹。她甚至一度庆幸自己还保持着单身，不必遭受"渣男"的荼毒，惹来一身伤害。

她也说如果此刻有一个男人热烈地追求她，并做好了和她共度余生的准备，她还是会放下曾经的执念，在心里默默地对自己说："要不试着跟他相处看看？"

02_

单身姑娘小茜，动辄就背包去澳门蹦极，去西班牙骑马，去夏威夷潜水，生活过得丰富有趣，像个永远都玩不够的野姑娘。

有一次，在和小茜聊天时，谈到了结婚的话题。她神情突然黯淡了下来，无奈地说，谁不想找个归宿呢？说自己不想结婚是假的，没有遇到合适的对象才是真的。

她有一次去表姐家做客，看到表姐家里杂物随处堆放，"熊孩子"撒了欢似的跑来跑去，好不热闹。表姐是一名全职家庭主妇，每天要面对一大堆的家庭琐事，还要伺候全家老小的生活起居，有时候都快被逼出抑郁症来了。表姐以过来人的身份劝小茜："女人啊，千万不要太早结婚！"

可是在小茜心里，她是羡慕表姐的。大学刚毕业不久，就遇到了一个对她百般照顾的好男人。两年后，两人不仅顺利走进了婚姻，并且很快就生下了一对聪明可爱的双胞胎。

再看看自己，确实活得无拘无束，想吃什么吃什么，想买什么随便买，也可以随时来一场说走就走的旅行，可当她独自一人待着的时候，总会有一种难以忍受的空虚感。

一个人生活，连日子都会变长的。

小茜渴望身边也能出现那么一个人，有烦恼了找他倾诉，遇到麻烦找他去摆平，失意时能得到他一个大大的拥抱。她也愿意收敛起爱玩的个性，跟他回家，为他素手调羹汤。

03_

还记得美剧《生活大爆炸》里的谢耳朵吗？曾经的他是一名标准的不婚主义者，还在好友婚礼上发表过"或许我自己太有意思，无须他人陪伴"这样脍炙人口的独身宣言。可是，在第十季的最后一集，他终于鼓足勇气，手拿戒指，单膝跪地，向心爱的女神艾米求婚了。

有网友说："连谢耳朵这种单身癌患者都找到人生伴侣了，我的真爱怎么还迟迟不出现？"

演艺圈"资深浪子"郑伊健，与邵美琪谈了七年恋爱，结果却移情歌手梁咏琪；与梁咏琪又谈了七年，最后依然以分手收场。大家一度认为他这辈子应该不打算结婚了。后来，郑伊健在羽毛球场上邂逅了演员蒙嘉慧，两人迅速坠入爱河，在2013年携手步入婚姻的殿堂。婚礼上，一向男人味十足的郑伊健，激动得泣不成声，连相识多年的好友们都说，从来没有见过他这副样子。

习惯漂泊的灵魂，终究也要回归到人间烟火中去，过柴米油盐的家常生活。

在这个世界上，真正的不婚主义者毕竟只是少数，更多的人之所以迟迟没有结婚，只是一直在等待他们的灵魂伴侣罢了。

一个人生活的时间久了，对于成家的诉求也会比一般人更加强烈。看着身边的同龄人都相继步入了婚姻殿堂，甚至有的已经在准备二胎，你也会为自己的现状感到焦虑不安，迫切地想要通过结婚来结束这段孤独的时光。

多希望在你最失落最无助的时候，那个他（她）适时地出现了。你们相视一笑，突然发现，一切的等待，原来都是值得的。

愿你来日终遇良人，许你一世欢颜，所有的深情都不被妄负。

Chapter 4

你不必高人一等，
但一定要与众不同

我不需要所有人都喜欢

01_

最近我迷上了一款手工抹茶曲奇，简直是要上瘾的节奏。在微店下单之后没多久，店家就马不停蹄地送了过来。下楼取件时，和店家多聊了几句。

我说："店家，你家的曲奇太好吃了，真是百吃不腻。"

店家答道："听了你这一番话，让我稍微安心一点儿。刚收到一个老客户发来的消息，他对我家最近制作的手工曲奇感到无比失望，觉得已经失去了原有的那种味道，并表示以后再也不会下单购买了。"

前段时间，店家跟一个五星级酒店的师傅学习制作糕点，改进了原来的制作手法。经过改良后的曲奇饼干，吃起来层次分明，比起之前更加松脆可口，订单因此也增加了不少。那位老客户大概是适应了原来的口味，所以才对最近出炉的曲奇饼干无感。

店家随后叹了口气："我也不可能为了满足他一个人的需求，继续保持固有的烘焙方式，遏止自己进步的空间啊。"

有时候，我们在面对他人的指责和厌恶时，更应该坚持自己的判断。若是过分在意外界的感受，很容易在别人的话里迷失方向。

02_

我之前工作的单位有个特别精明能干的姑娘，叫宝儿。

宝儿说话心直口快，做事雷厉风行，因此得罪过不少同事，在单位里处处遭人非议排挤。同事们私底下说，又不是自己开的公司，何必事事较真。

有一次和宝儿聊天，她说，既然接受了上司交给自己的任务，就应该专注地执行，哪怕在这个过程中无法照顾到部分同事的情绪。她深知在职场之上，心软的人很难游刃有余地把事情办好。正是因为旁人的排挤和冷落，她更加坚定了自己要在工作上做出一番成绩的信念。她暗自发誓，一定要让所有人对她刮目相看。

几年之后，我在一个社交场合里再次见到了宝儿，她已晋升为单位里的中层干部。此时的宝儿，活脱脱一个干练、自信的职场"女金刚"。她举着酒杯，不无感慨地说："当年那些否定我的人，如今都成了我的手下。"这些年来，她通过自己的不懈努力，总算赢得了别人真正的尊重。

你走过的每一步，很难让所有人都满意。借用《甄嬛传》里的一句话："既然无法周全所有人，那就只能周全自己了。"你无须刻意地讨好任何人，也不必在别人的声音里患得患失。懂你的人自然会懂你，不懂你的人解释再多也没有意义。要捍卫自己的原则，哪怕全世界都不看好你。

03_

我刚开始运营公众号的时候，粉丝寥寥。每天我都会点开公众平台的用户分析去看新关注和取消关注的数据。凡是看到有人取消关注了自己，总会玻璃心作祟，感到十分失落，工作也提不起精神。

还有一次，在后台收到某个粉丝的留言："文翼，你怎么写起这些温情的文字来了，原来的那种犀利明快哪去啦？你再也不是当初的那个你了，我对你很失望，就这样吧，拜拜！"

面对质疑，刚开始我也是耿耿于怀，甚至怀疑自己是不是做得不够好，后来时间长了，也就慢慢释怀了。我深知，哪怕自己再怎么努力写文，也难以适应所有人的喜恶。这世间人来人往，本是常态。喜欢你的人，自然会一路跟随，而那些对你不再怀有热情的人，哪怕再怎么尽力挽留，也无济于事。

与其因为那些离开的人陷入无来由的伤感与忧愁，倒不如更加用心地写好文章，不辜负那些默默支持自己的人，把有限的时间献给在乎自己的人。真正喜欢你的人，绝对不会因为你的改变而弃你而去。

04_

你很有主见，喜欢你的人会觉得你很独立，讨厌你的人会批评你不合群。

你敢爱敢恨，喜欢你的人会欣赏你有个性，讨厌你的人会觉得你难以相处。

你钻研各种技能，致力于提升自己，喜欢你的人会夸你有上进心，讨厌你的人会吐槽你瞎费劲。

你追求更高的生活品质，喜欢你的人会认同你的价值观，讨厌你的人会骂你毫无节制，不会过日子。

身处社会中的我们不论做什么事情，必然会遭遇到别人的议论，不可能得到所有人的认可，稍有不慎，就会落入那些不友好的声音之中，终日郁郁寡欢。

你是无法讨好所有人的，但这从来不是阻止你做好自己的理由。你要过好自己的人生，不要因别人的三言两语耽误自己的成长，不要让自己留遗憾。

既然取悦不了所有人，何不做那个最真实的自己，敢于直面那些质疑你、打击你的人，坦然接受那些不被理解的事实，然后用自己喜欢的方式，过好余生中的每一天。

最后，你要感谢那些一如既往支持你的人，是他们让你可以自信满满、淡定从容地闯荡人生；更要感谢那些在成长路上否定过你的人，是他们让你愈发坚定了最初的选择，从而成就了更好的自己。

努力活出属于自己的模样，就是对这个世界最好的回应。

如果你走了，就别再回来了

*01_*

某天深夜接到倪倪的电话，电话里的她语气焦虑："男朋友已经消失好几天了，我把所有朋友的电话打了个遍都没找着，就差到派出所去报案了。"

倪倪说最近一次吵架之后，男朋友就离家出走了，打电话不接，发消息不回，就像人间蒸发了似的，没有任何讯息。

她发动我们一群人到处寻找男朋友，终于在一个网吧里找到了他。当时他正和朋友在网吧里打LOL游戏，嘴里还噼里啪啦地骂队员打得不好。

事后，倪倪说："我再也不想和这么一个没有责任感的男人谈恋爱了。一个大男人三天两头赌气出走，一言不合就玩失踪，从来不在乎我的感受。回来之后，还当作什么事情都没发生过一样，我真的受够了他的这种态度。遇到问题时，哪怕和我吵上一架，也是一种情绪交流啊。就这么闷声不吭地消失掉，简直让人抓狂。"

不少爱情都死于拒绝沟通。遇到争执时，有的人只会一味地逃避：电话关机，短信不回，微信拉黑，等情绪过了以后，又会跑回来当作没事人一般请求复合，却不知，先前埋下的芥蒂依然存在，遇到问题时又会旧患复发。

与其逃来逃去，还不如留下来坦然面对感情中的一切风雨。

02_

最近，波哥和刚谈不久的女朋友分手了。

波哥的女朋友是个气质美女。波哥费了好一番心思才从众多的追求者中脱颖而出，赢得了她的芳心。但和女朋友处了一段时间后，波哥发现她有一个很不好的毛病，就是太任性了。

波哥说，每次两人一闹矛盾，女朋友就胡乱发泄一番，丢下"分手"两个字，扭头就走，然后等着自己去赔礼道歉。刚开始的时候，波哥还觉得是自己做得不够好，于是忙不迭地在微信上给她发红包认错，想尽各种花言巧语去哄她。可是慢慢地，他发现因为自己的忍让，把女朋友的坏脾气全给惯出来了。

上周，波哥带着女朋友来参加我们的聚会。我们亲眼见识到了因为波哥无意间说错的一句话，他女朋友拎包就走人的尴尬场面。不过这次，波哥并没有去追他的女朋友，而是对着她的背影大声吼了一句："你走吧，走了就不要再回来了。"

后来，波哥删了她所有的联系方式，下决心和她断了关系。他说，在这段感情之中，自己太累了，所以选择了放手。

两个相爱的人能走到一起，其实并不容易。我会好好待你，希望你也能珍惜每一个有我的日子，不要肆意践踏我的感情，动不动就把"分手"俩字挂在嘴边。更何况，有些气话说多了，往往容易成真。

03_

再好的感情，也经不起时间损耗。

热恋时你侬我侬，每天腻在一起都不生厌。待到激情和新鲜感褪去以后，矛盾与口角便接踵而来。这时候，我们的态度将会直接影响到恋情的走向。如果维持这段关系让你感到心力交瘁，放手让对方从你的生命中离开，又何尝不是一种解脱呢？

早年认识一对分居多年的夫妻，二人早已没有任何感情。丈夫在外面有了家，长年不回来；妻子则觉得自己的年龄越来越大，还带着一个几岁大的孩子，改嫁的成本太高，哪怕和丈夫的感情已经消失殆尽，也宁可委曲求全，得过且过。

在丈夫离开的这段日子里，她独自把孩子拉扯大，虽然过得不容易，但也慢慢地适应了一个人的生活。

这样的婚姻，其实已然没有任何意义了。

如果彼此都不是对方的唯一，那就不要把时间消耗在这一段不合适的感情中了。找一个愿意对自己嘘寒问暖、真心付出的人，才是对自己最好的成全。

*04_*

在爱情里，最怕彼此心中积压了太多的埋怨和不理解，却对此惘然不顾。遇到事情只会赌气走开，或是频频拿"分手"作为要挟，非但不能考验对方的心意，反而会给这段关系带来负担和伤害。

每一对陷入恋爱的人，想必都能感受到来自对方对自己的重视。如果你的恋人对待你们之间的感情从来都是敷衍了事，出现矛盾也不愿意主动沟通解决，我劝你还是放手吧。毕竟我们的年华有限，没必要把它浪费在那些不再对你怀有诚意的人身上。

人生路漫漫，在这条路上弄丢几个不够在乎自己的人，没什么好心疼的。愿你早日遇见那个骂不走、吵不散、一心一意待你好的人，愿你们能谈一场永不分手的恋爱。

你的脾气，暴露了你的教养

01_

记得之前单位里有个女同事，脾气极端暴躁。因控制不住自己的情绪，她经常与别的同事爆发冲突，所以人缘非常糟糕。

对于自己的脾气，她从来都是直言不讳："我就是个直性子，说话不喜欢拐弯抹角。"

有一次，老板在开会的时候训斥了她几句，她就当着在场所有同事的面跟老大争吵了起来。没多久，她就被劝离了。

还有在日常生活中，她经常在朋友圈里发一些非常负能量的东西：与婆婆闹矛盾了，一口一句脏话地咒骂着；因为一两块钱与早餐店的老板吵得不可开交，扬言要让对方好看；早高峰地铁乘车时，被拥挤的人群挤到，也会与别人争吵半天……在她的生活里，好像没有一天是过得顺心的。

再后来，我索性将她的朋友圈屏蔽了。我觉得，一个连情绪都控制不好的人，就等于给自己贴上了一个不大体面的标签。

02_

我上周末参加一个自媒体培训课程时，碰到了一个许久未见的同行小清。在休息时间，我们聊了些关于生活上的事情。

小清说她丈夫脾气很差，让她难以忍受。小清的丈夫经常因为一点儿鸡毛蒜皮的小事冲她大发脾气，甚至还喜欢乱摔东西。

每次夫妻俩吵架，都能惊动一整栋楼，居委会的大妈曾多次上门协调过纠纷。

小清好几次气得甚至打包行李回了娘家。可是没过几天，丈夫又会找上门来，可怜巴巴地恳求和好。

丈夫每次都会主动认错，表明是自己做得不好。他说他控制不住自己，所以才会说一些很难听的话来伤害小清，可是话一出口就后悔了。他向小清保证以后会克制，一定不会再犯相同的错误了。

看着丈夫主动认错的样子，小清又会心软下来，然后跟着丈夫回家去了。

可是没过多久，同样的情况再次上演。

小清说，其实丈夫本质上并不坏，只是不善于控制自己的情绪，以致家庭纷争不断，这让她很是苦恼。

03_

在我们身边，从来不乏脾气火爆的人。

他们的情商几乎为负数，外人的一句话或一个举动，都能让他们火冒三丈。无论最终是输是赢，他们都会淋漓尽致地向别人显示自己的教养。

正是因为他们控制不了自己的情绪，所以在生活中绕了不少弯路。逞能斗气不但解决不了问题，反而还会加剧事态的严重性。

有一次，我和朋友去手机营业厅办理业务，一个男用户怀疑自己无故被扣除了一大笔流量费，和营业人员起了争执。

后来，店长出来试图打圆场，也被男用户用各种侮辱性的言语谩骂了半个多小时。店长并没有还嘴，而是等用户的气渐渐消了以后，才耐着性子跟他解释了账单上的问题。

店长处理事情时镇定自若的态度，让在场的人无一不佩服他的定力和修养，我也在心里默默佩服。

反观男用户，在弄清楚自己多扣除的流量费用，是由于自己疏忽所导致时，面露羞色。最后，在众目睽睽之下，他灰溜溜地走了。

当时一旁的朋友就跟我说，没想到这个店长还真能忍啊，被骂成这样居然还面不改色的，如果换了是他，早就顶回去了，哪怕是丢了这份工作。

生活中，那些把情绪处理得当的人，往往更容易得到他人的信任和尊重。

04_

史书记载，大将军韩信年轻时曾受过"胯下之辱"。

有一天，一个屠户对韩信说："你虽然长得高大，喜欢佩带刀剑，其实是个胆小鬼。你要不是怕死，就拿剑刺我；如果怕死，就从我胯下爬过去。"

韩信仔细地打量了他一番，低下身去，趴在地上，从他的胯下爬了过去。满街的人都嘲笑韩信，认为他胆小。

后来，韩信做了将军，跟人讲起昔日的"胯下之辱"："当时我并不是怕他，而是没有道理杀他，如果杀了他，也就不会有今天的我了。"

如果当时的韩信头脑发热，按捺不住自己的情绪，意气用事，将对方杀死，等待他的恐怕将是一辈子的牢狱之灾，日后历史上的一代名将就更无从提起了。

能不能控制自己的情绪，守住分寸，体现的是一个人的品性与心理素质。

在日常生活中，我们很多时候都习惯通过"情绪"与人进行沟通，所以说话时注意拿捏尺度，不使用过激的言语伤害他人尤为重要。

能够克制自己的言行，包容他人，是为人处世中一种必要的能力。不要忘了，你在善待他人的同时，也在为自己赢得尊重。

凡事有交代，是一个人最好的人品

01_

团队里有个同事L小姐，是一个做起事情来特别没谱的人。

每次接手布置下来的工作时，L小姐只管闷着头苦干，工作进度也从来不会主动汇报，经常需要领导一再催问才会告知他们情况，给领导们留下了非常负面的印象。

领导最常对L小姐说起的一句话就是："交代给你的工作办没办成，就不能回个话吗？"她还特别委屈："我只要把手头上的活儿完成不就行了，反不反馈其实并不重要吧。"

对于上级交代的事务，有没有能力办好，在多长的时间内可以完成，都应该给出一个明确的答复。即便中途遇到了摆不平的困难，也应该及时向上级反馈，这才是一个人对工作负责的表现。

领导们认为，抛开能力不说，L小姐的这种工作方式大大地增加了沟通成本。就因为她在工作上欠缺主动性，所以一直没有受到提拔。几年过去了，同期入职的同事都升了职，而L小姐依然是公司里那个不起眼的小职员。

02_

之前在纸媒工作的时候，每个月都会例行向专栏作者催收最新一期杂志的稿件。有一次，在发刊之前，还差最后一篇稿子迟迟没有收到。

编辑部的同事打电话过去向作者催稿子，作者回复说，再给他两天的时间。

当时整本杂志的内容都完成得差不多了。为了等那篇稿子，我们整个团队的工作陷入了停滞状态。

两天过去了，作者依然没有半点信息。

再联系时，却发现作者的手机已关机，发过去的信息也是石沉大海。事后，他也没有给出任何的解释说明。

眼看着截稿日期一拖再拖，主编终于忍不住发了火，怒拍桌子说道："从这一期开始，把这个作者的专栏撤下，往后杂志社不再采纳他的任何稿件！"

在这个时代，契约精神实在太重要了。在指定的时间内履行约定，是对他人的一种负责。如果真的遇上特殊情况，一定要及时向他人说明原因，把对彼此的影响降到最低，相信任何人都会给予足够的理解。如果因为自己没有及时完成，消耗了别人的时间成本，不但会透支对方的信任，影响到后续合作，还会暴露自己极为糟糕的人品。

03_

战国时期，魏国国君魏文侯与掌管山泽田猎的虞人约好时间，要一起去打猎。这一天，魏文侯在家里饮酒饮得很高兴，天又下起了大雨，但魏文侯突然想起了打猎的事，于是马上收拾东西准备出发。

他身边的亲信说："雨下得这么大，您准备到哪里去呢？"

魏文侯说："我已与人约好一同去打猎，虽然饮酒非常高兴，但怎么可以不遵守约定的时间呢？"

于是，他亲自到虞人那里，跟他说明情况，取消了这次打猎活动。

正所谓："大事见能力，小事见人品。"

纵观古往今来，那些履行承诺的人，往往更能赢得他人的好感和信赖，任何团体和个人都愿意欣赏和接纳具备这种品质的人才。

事事守约，体现的是一个人内心的责任感，也是对他人最起码的理解和尊重。

04_

我的朋友小林，就是一个在生活中非常靠谱的人。有一次，我和小林在餐厅里吃饭，一个客户打来电话找他聊合作方面的事情。聊着聊着，小林的手机突然显示电量不足。于是，他马上跟客户说，如果待会没回音了，千万别着急。

即使当时我们正在用餐，小林也是第一时间离开餐桌，一路小跑着去找充电站给手机充电。他不希望客户在另一端焦急地等待，因为那无疑是在浪费别人的生命。

和小林打过交道的客户无一不夸赞他可靠实在，做事稳妥，都说跟他合作起来感觉特别愉快。

据我观察，小林还有一个好习惯——他会很认真地对待别人发来的每一条信息。哪怕有时候手头上有事情在忙，收到的信息没来得及回复，他也会把那条信息设置成未读状态。等时间空闲了，再打字回复过去，给他人一种实实在在的尊重。

这个社会从来不缺聪明人，也从不缺能力优秀者，缺的是那种可靠而有担当的人。

生活中也遇到过不少这样的朋友，有时候正在手机里和他们聊着一件事情，屏幕那端突然就没了反应，着实让人有一种不受重视的感觉。

说话做事没着没落的人，往往很难经得起时间的考验。与他们相处共事久了，难免会一次又一次地感到失望和焦灼。以后若是再有什么重要事情，也不敢放心地托付给他们了。

做事有交代，是一个人最基本的道德准则，如今却变成了一种奢求。

一个心智成熟的人，一定会站在对方的角度去思考问题。他们有着强烈的责任感，做起事来也会有始有终。这种推己及人的思维习惯，决定了他们人生的高度。

一个人待人处事的方式，反映了他最真实的人品。那些真诚靠谱的人，往往运气都不会太差。

你抱着手机的样子，真的很孤独

01_

前段时间和蓝姑娘聊天，她跟我说了她闺密的故事。

蓝姑娘的闺密是她大学时的室友。毕业后，两人去了不同的城市工作，好不容易有时间可以一起聚聚，蓝姑娘约了闺密出来逛街。

可让蓝姑娘感到纳闷的是，闺密那天全程都在"招待"手机里的信息，玩自拍，修图发朋友圈，连吃饭时都一直盯着手机看。

蓝姑娘想和她聊聊最近发生的事情，可闺密却对她说的话充耳不闻，把她当作空气一样晾在一边，她能明显感觉到自己没有受到对方的尊重。

自此以后，蓝姑娘再也没有主动联系过这个闺密。

02_

之前在《城市信报》上看过这样一则新闻：山东省日照市的市民张先生与弟弟妹妹相约去爷爷家吃晚饭。饭桌上，老人多次想和孙子孙女说说话，但面前的孩子们个个都抱着手机玩，没有理老人。老人受到冷落后，一怒之下摔了盘子，扭头进房。

这则新闻，让我想起了多年前的自己。以前每次去外婆家，我总是习惯性地躲在角落，拿出手机自顾自地玩游戏。外婆偶尔也会走到我身边，问我一些最近工作和生活上的情况，而我的眼睛始终没有从屏幕上挪开过，回答也极为敷衍。

有一次经过厨房，听到外婆和家人说："现在的年轻人啊，个个都只顾着低头玩手机，跟他们说上几句话都困难。"

当时的我并没有特别在意。几年过去了，外婆早已离开人世。每当回想起外婆说过的这句话，我都会感到特别懊悔，后悔自己当初没有多花些时间陪长辈们说说话。

如今想来，因为过度沉迷手机，错过了那些与身边重要的人交流的机会，确实挺不该的。

03_

不知从何时开始，我们见面吃饭时的谈话越来越少。我们不会错过微信里的每一条消息、朋友圈的每一条动态、微博上的每一条热点新闻，却不愿意和坐在自己身边的人聊聊天说说话。

这已经成了我们生活中的常态，也是人和人在一起时一种很普遍的现象。

看过一期演讲节目，演讲者雪莉·特克尔说过这样一句话："我们正在放任科技将我们带向歧途。我们口袋里那些轻巧的电子设备，有如此强大的力量，它们不仅改变了我们的生活方式，也改变了我们本身。"

一部小小的手机就足以将我们的生活搅得翻天覆地。可悲的是，我们却从未曾察觉过，仍旧麻木地活在这种状态中，心甘情愿地过着被手机绑架的日子。

记得大学毕业后的一段时间，我对手机异常沉迷，每天攥着手机刷朋友圈、看视频、打游戏，甚至用餐时，都不忘低头玩着手机。

有一次，一个前辈狠狠地训斥了我一番："你抱着手机死不撒手的样子，看起来真没礼貌。"

如今的我渐渐学会了收敛，明白了在某些场合控制住自己不把手机掏出来玩，也是对他人的一种尊重。

04_

摄影师埃里克·皮克斯吉尔拍摄了一组名为"Removed"（远离）的作品，在网络上引起了广泛关注。

相片中，所有的手机都被摄影师偷偷拿掉了。人们孤独地盯着自己的手掌，沉浸在一个人的世界里，仿佛被抽去了灵魂。

埃里克说，这组照片的灵感，来源于咖啡厅邻座的一家人——爸爸和女儿一直低着头专注地玩手机，没有和身边的家人有过片刻的交流。

此后这个画面深深地烙印在了埃里克的脑海里，他在日记中写道："他们不怎么说话，爸爸和两个小女儿都掏出了自己的手机。妈妈也许是没带手机，也许是选择不把它拿出来。她一个人望着窗外，身边都是自己最亲爱的家人，看起来却那么悲伤和孤独。"

于是埃里克便决定拍摄一组相片，呼吁人们放下手中的电子产品，对身边的人表现出更多的陪伴和关爱。

当家人不再交谈，爱人不再相望，你会发现，人与人之间的疏离其实就在一瞬间。

有时候，我也会怀念以前没有手机的日子。

那个时候，时间过得很慢。和恋人沿着环湖小道散步，能静静地走一个下午。想念一个朋友时，会一路小跑去几百米外的电话亭给他打电话；也可以将心事写在纸上，塞入信封，寄给对方。甘愿把自己的一切时间和精力，分给身边那些重要的人，你的内心就会感到温暖。

如果有一天，你不需要靠频繁地更新朋友圈来获取存在感，也不需要通过沉迷于手机里的虚拟世界来逃避现实生活的空虚与凉薄，那时，你的耳畔一定会充斥欢声笑语吧！

你的孤独终会得到治愈。你最想与之交谈的人，就在你身旁。

永远不要轻易去评价一个人

01_

殷琦和丈夫结婚三年了，两人一直没要孩子。

提及原因时，他们说："如今养育一个孩子，从怀孕、分娩到出院，正常的要几千元，如果是剖宫产的话，则会产生超过上万元的费用。此外，培养一个孩子的花费也远远超出了他们的负担。孩子出生以后的吃喝用度、上学的学杂费、各种培训班的费用等，都是不小的开支。我们属于工薪阶层，目前还在供着一套商品房，这时候如果再要个孩子，负担会很重。"

可旁人却不这么想，他们认为殷琦和丈夫结了婚一直没生孩子，肯定是他们夫妻俩其中一方的生育能力出了问题。

这话传到了夫妻两人的耳朵里，殷琦被这说法气哭，可她总不能逢人就解释他们不要孩子的原因吧。每当夫妻俩走在楼道时，发现邻居们都会背着他们窃窃私语。

逢年过节，虽然亲戚们说话表面上客客气气的，但细听下来，大都是话里带刺，让人心里很不舒服。长辈们在餐桌上更是连番催促，让殷琦夫妻俩赶紧生个孩子。殷琦的父母也感到压力重重，给他们夫妻俩下达了明确任务——两年之内，必须抱娃！

02_

上月见了老同学若琳，聊起了最近遭遇的烦心事。若琳声泪俱下，把妆容都哭花了。

若琳与前任男友七七原本同属一家公司。前阵子，他们分手了。这件事一度成为公司里的头条新闻，被同事们口耳相传。

同事们私下偷偷议论他们分手的原因。有人说是七七看上了外面的姑娘，把若琳抛弃了。有人却说是因为七七受不了若琳的公主脾气，所以才提的分手。

爱情本是两个人的事情，至于分手的原因，哪是旁人三言两语就能够说清的？

公司里满天飞的流言蜚语给若琳的工作与生活造成了极大的影响。她每天把自己锁在厕所的隔间里，哭得稀里哗啦。没多久，她主动向人力部递交了辞呈，远离了这个是非之地。

03_

你遭遇过被人在背后偷偷议论的时刻吗？想必一定有。

即便自己活得光明磊落，一身正直，有些私事也会被人拿来翻来覆去地说，让你不胜其扰。更令你憋屈的是，你还没有任何辩解的机会。

在生活中，我遇见过太多喜欢在背后对着他人指手画脚的人。他们看不惯别人的言行，总是喜欢费尽唇舌来纠正对方。他们大概永远也不会想到，因为自己不加收敛的言论，对别人的生活造成了多大的影响。

如今这个时代，要是哪个明星出了负面新闻，第一时间去翻一翻他们的微博，评论区里必然清一色是骂人的话。"键盘侠"们从来不会去细究事情的原委，他们是怎么难听怎么骂，甚至无耻到把别人的家人都牵扯进来。

那些没根据的不实谣言，总是生生不息，无处不在，就像一场灾难，只会让当事人深陷于痛苦之中，生活也受到极大的干扰。

记得之前跟前辈胡哥聊天，他对我说："不要随意评价他人，是做人最基本的素养。那些终日把精力耗在观察与议论别人上面的人，自然也不会有多大出息。永远记住，与其浪费时间关注他人，还不如专注地过好自己的生活。"

如今想来，深以为然。

04_

昨天乘坐电梯，听着两个妇人在议论一户人家的家事。

其中一个妇人说："七楼B座那户人家的老公长年累月不回家，

估计是在外面有女人了吧！他家老婆天天也只会摸麻将，对家庭事务从来都是不闻不问。"

另一个附和说："对对对，还有他们的女儿，今年都三十好几了，还没有嫁人。我看她的样子长得也不差啊，估计是因为性格不好吧！"然后又是一些闲言碎语。

在公共场合大声谈论别人的家事，是没素质的一种表现。

在电影《西西里的美丽传说》中，女主玛琳娜是一名二战士兵的遗孀，因为出众的相貌，遭到了小镇居民的造谣中伤，甚至因此失去了父亲的信任。每天生活在非议和舆论中的玛琳娜，意志也开始一点一点瓦解，最终沦落风尘，成为一名妓女。

在我们的身边，总有些人为了满足自己的心理优越感，对别人的生活妄加评论，把那些看不惯的事当作茶余饭后的谈资。

永远不要去评价一个人。你没有经历过他们的人生，没有资格去评判他们的做法是对还是错。对于你不能理解和接纳的事实，也别随随便便用几句批评的话去否定对方。

要明白收敛嘴舌，不使用语言暴力伤及他人，才是一种最好的教养。

通过了你的好友验证，就是朋友了吗

*01_*

如今，微信已经成了一种重要的社交工具。在任何场合，一旦认识了新朋友，交换微信联系方式也就成了一种必要性的礼节。

这一年来，我的微信好友除了一些工作上的伙伴和客户以外，还有楼下换锁的大叔，早餐店的老板娘，做保险业务的大姐，送快递的小哥。随着微信好友增加，我也越来越不敢在朋友圈里随着性子畅所欲言了。

最近微信出了一个新功能，可以筛选出通讯录里一些不常联系的朋友。

我闲来无事，竟利用此功能筛选出一千多个半年内没有互动过的朋友。列表内的那些名字，熟悉又陌生，它们一直静静地躺在我的通讯录里，好多人甚至连一次也没有单聊过。

有时候也不禁想，就算我通过了你的微信验证，我们就真的是朋友了吗？

02_

我的一个同行朋友，前阵子代表公司去参加了一个互联网峰会，有幸和"罗辑思维"的创始人罗振宇在同一桌共进晚餐。席间，两人聊过几次，朋友借着行业交流的名义成功加到了罗振宇的微信。

自那次以后，朋友经常沾沾自喜地向我们炫耀，说自己的人脉圈里从此添了一名"大神级别"的人物，还惹来我们一众羡慕的眼光。谁料后来他好几次兴致满满地向罗振宇发信息请教问题，人家却没有搭理他。这样看来，即使有了对方的联系方式，貌似也没有什么作用。

从来不去思考如何打造自己的专业技能，而是盼着在机缘巧合之下认识某个大人物，继而帮助自己走出人生困境，在我看来，这种想法特别不切实际。

在这之前，你应该先掂量一下自己的身份和实力，看看是否有与之匹配的能力。

朋友圈的人再厉害，其实跟你一点儿关系都没有。如果你们的层次和社会地位相差太远，人家又凭什么要浪费时间去跟你打交道呢？

03_

最近在微博上看了一段访谈视频。

《奇葩说》里的辩手大晴，在生活中是一个热爱交友的姑娘。她曾经用10个小时认识了500个陌生人，微信里存着将近五千个微信好友。大晴的父亲曾经跟她说过一句话，等到你30岁的时候，你朋友圈里有谁愿意借给你50000块钱，这些人才是你真实的朋友。

演化心理学家罗宾·邓巴曾提出过著名的邓巴数字定律："人类的社交人数上限为150人。"也就是说，人们可能会认识很多人，但在现实生活中只会维持150人左右的"内部圈子"，而深入交往的人数为20人左右。

微信交友的门槛实在太低，只需一键通过好友验证，就可以允许对方进入自己的圈子。朋友圈变得越来越拥挤，每天都在刷着那些和自己毫不相关的人的消息，一度让我们产生一种自己"人脉很广"的错觉。

那些所谓的微信好友，越来越像搁置在手机里的一个个冷冰冰的符号，除了会在节日的时候收到他们群发的信息问候外，大部分的时间里，基本上都属于零交流。

04_

几年前，我也是一个迷信"人脉"的人。身边很多前辈都说，多认识一些人，人生的路才会越走越宽。

那时的我，心浮气躁，常年混迹于各种饭局酒局，在任何场合都不忘向对方索要名片，扫一扫对方的微信二维码。聚会时，朋友们也会掏出手机，互相攀比着各自微信好友的数量，似乎你认识的人越多，就越能证明自己在社会上混得开，有能耐。

在一次聚会中，我认识了一个与我年纪相仿的朋友，当时彼此互加了微信好友。之后的一段时间里，我们经常跑到对方的朋友圈里留言点赞，一来二去，相聊甚欢，互相把对方视作了知己至交。

后来，我们相约吃饭，可原本在线上聊得不亦乐乎的我们，见面以后却难以找到共同话题，谈话气氛一度跌至冰点，尴尬不已。这一刻的我才意识到，我们其实并没有那么了解对方。

互相加过好友，只能证明你们在生活中曾经有过简单的交流而已。要想成为对方身边真正重要的人，还需要大量时间和感情的沉淀。

每一次把通讯录从头滑到尾，我都会反问自己："当初为何要添加那么多的微信好友呢？是抱着多结识人脉的想法，还是仅仅为了满足那一丁点儿的窥视欲？"

最近，我越来越少把时间花在刷朋友圈上面，也开始谨慎地控制微信好友的数量，遇上没有任何备注的好友请求信息时，一概不加理会。我不再耽溺于各种毫无意义的社交聚会，尝试着给自己的人际圈子做减法，而那些经过时间的打磨后留下来的人，对我而言才是最重要的。

即便你的微信好友有成百上千，他们对你而言也不过是散落在通讯录里的一枚枚没有温度的头像。一旦关掉手机，他们就会如鬼魅一般消失得不见踪影，就好像从未在你的生命中出现过一样。

你的朋友圈，暴露了你的层次

01_

我的微信里时不时都会收到这样一类信息："帮我的朋友圈第一条点个赞，谢谢！"

近年来，商家为了吸引人气，达到宣传效果，经常会发布一些"集赞送礼"的活动，只要在朋友圈里凑足指定数量的"赞"，就可以到商家免费兑换礼品。

前两天，我收到朋友华子发来的一条消息，让我给他朋友圈的第一条状态点赞。我点进去一看，又是"集赞送礼"的活动，只要集齐几十个好友的点赞，就可以得到某商家送出的七彩保温杯。为了领取这个杯子，华子不厌其烦地给好友们群发信息，号召大家都来为他的朋友圈助力点赞。

我随手给他赞了一个，却不禁想问问他："难道你的人情就值那么几个钱？"

其实在生活中，华子也是个爱占便宜的人，经常跟着我们一帮朋友出去蹭吃蹭喝，等到买单的时候却故意低头装作玩手机，跟没事人一样。那一副事不关己的样子，真心让人瞧不起。

02_

我有一个女性朋友，她经常跟身边的人抱怨上班太累，说想过不受约束又能挣钱的生活。前阵子，她二话不说辞了工作，跟风做起了微商，每天在朋友圈里刷屏。

她的产品广告文案写得就像路边的牛皮癣广告一样，低级乏味得让人连阅读的兴趣都没有。我不清楚她这种刷屏营销究竟能给她带来多少客源和销量，我只知道，身边好几个熟悉的朋友都悄悄地把她拉黑了，也渐渐疏远了她。

我不是看不起微商，在我的身边其实也有很多成功的微商案例。做微商和经营一门生意一样，都要讲求技巧和方法，而不是无节制地在朋友圈里刷屏，以不断骚扰朋友来达到营销的目的。

没过多久，听说她放弃了做微商，又重新找了份工作去上班。如今的她拿着月薪2000元的工资，依然住在那个不到50平方米的旧房子里，逢人就抱怨生活艰辛。

一个人的眼界，直接决定了他（她）能不能把握好机遇，以及能不能把事情做得成功。

03_

在网上看过一个笑话：过年前，我大学室友天天抢票，终于抢到了一个20小时的硬座，开心地发朋友圈。底下，一个在美国留学的同学评论道：要这么久啊，比我回国时间还长。

这虽然是个笑话，却很好地说明了朋友圈里人与人之间的差异。

我有个生活比较优裕的朋友，热衷于环游世界，朋友圈里铺满了各种美景美食。她对奢侈品尤其钟爱，三天两头在朋友圈里晒出各种大牌包包、名表钻戒。看她的朋友圈，刷新了我对奢侈品的认知，并从中了解到了很多以前听都没听说过的名牌。

有一次和她喝下午茶，提到了她的朋友圈。她说，其实她在朋友圈晒旅游、美食、聚会，是她和身边朋友的一种交流方式。像她们这一圈子的人，非常讲究生活品质，一掷千金，让自己过得精彩漂亮，就是她们的人生主题。

很多时候，朋友圈并不单纯只是朋友圈，它还代表着一个人的阶层，甚至还是一种社会身份的象征。

04_

一个偶然的机会，我添加了一个业内知名博主的微信。

该博主每天都会在朋友圈里分享一些行业动态和好文章，并配以自己对于文章精辟独到的评论，观点字字珠玑，让人读过之后顿觉醍醐灌顶。

这也足以证明，他是一个充满智慧、受人尊敬的精英知识分子。

如果你的朋友圈里也同样存在着一些很厉害的人物，想必你一定会慎重地对待你的朋友圈，会把它当作自己的脸面和形象一样去经营，唯恐稍有疏忽，就暴露了自己的无知和浅薄。

一个高层次的人，是绝对不会在深夜发一些瞎矫情的鸡汤的，也不会为了一些不值钱的小礼品而不厌其烦地向好友们索赞，更不会没日没夜地在朋友圈里刷屏营销。

这些年来，每当我加了一个新的微信好友，总会第一时间去翻看他（她）的朋友圈，因为朋友圈能说明太多问题了。我会凭一个人在朋友圈里发布的内容来判断他（她）的价值观、兴趣取向和素养，然后再决定该不该与他（她）进行交往或深度合作，这几乎成了我近年来交友识人的一种重要途径。

用心打造和经营你的朋友圈，做好自己的形象管理，才能吸引到那些和你有着相同磁场的人。

你发出去的每一条动态，都显示了你的品位，暴露了你的层次，会让你毫无保留地展示在世人面前。

而最可怕的是，在朋友圈里不断刷取存在感和倾诉欲的你，居然还懵然不知。

不要乱发聊天截图，好吗

*01_*

昨天，经过单位的过道时，我听到彤彤正在大声与电话那头"开撕"。随后，她带着一脸的怒火走进了办公室。

她坐下之后，我关切地询问她发生什么事了，她说："别提有多气人了，一个姐妹居然把我和她的聊天截图发到朋友圈去了。"

彤彤接着说，前一晚自己失眠，在微信上找姐妹M聊了一宿。姐妹之间，说话从来不经大脑，怎么聊得舒服就怎么来，段子说了一大堆，还讲了自己的隐私和一些得罪人的话。没想到，姐妹M转身就把聊天记录截图分享到朋友圈里了。

她非常生气，去质问姐妹M，得到的却是她满不在乎的回答："那么生气干吗，只不过就是图个好玩而已，咱们也没几个共同好友，你也不用太在意啦！"

彤彤执意让M删除截图，M却反过来责怪她太过较真，小题大做。

彤彤知道姐妹M并无恶意，也明白那只是彼此之间的一个玩笑，但姐妹M的这种行为，还是让她觉得特别不舒服。

聊天记录是两个人之间的秘密，一旦公开，当事人难免会有一种遭到出卖的感觉。

曾经我们肆无忌惮地谈天说地，可现在却变得连说句话也要小心翼翼。

02_

你有过聊天记录被别人公开的经历吗？

我们在社交软件上与别人聊天，很多内容都是未经思考就打出来的。想着只是小范围内的交流，没必要字斟句酌，处处周全。但往往就是这样的言论，若是被人有意截取之后放到网络上去，那些并未深入接触的朋友就会通过这些漏洞百出的言论对我们的人格和品性进行判定，可能会对我们造成一系列负面影响。

聊天记录是一种很隐私的存在，是当事者不便对外人公开的秘密。作为聊天的双方，都应该有为对方保密的觉悟。即便真的要公开，也要事先征得对方的同意，或是隐去对方的头像和名字，不要让别人从聊天记录中辨别出对方的身份。

你以为晒聊天截图只是随便开个玩笑，无伤大雅，可在很多人看来，那是缺乏素质的表现。

03_

一直认为，能将人际关系处理得当的人，才配得到他人的尊重。

我们在与人交往的过程中，有些规矩是一定要遵守的。你不能仗着自己和对方很熟，就随着性子去做一些毁坏他人声誉、损害他人利益的事情。若是做了这样的事情，你在别人心目中的信任值只会越来越低。

所以，无论你们的关系多么亲密，也不要随意公开与对方的聊天截图，因为那不仅会伤害对方，还会让对方怀疑你的人品。

如果尊重对方，就让所有的聊天记录安静地待在你的手机里，没事别去截屏，更不要随意传播。把那些与别人的聊天截图拿来娱乐大众、博取眼球的行为，只会让彼此之间的信任之墙崩裂坍塌，是极端不可取的。

追求好玩有趣的体验固然不错，而固守人与人之间的社交底线却更为重要。别让你的玩笑，变成对他人的潜在伤害。

Chapter / **5**

永远不要失去做
一个好人的觉悟

有事当面说，别发到朋友圈

01_

前几天我刚发完推送，就收到了朋友花小姐发来的消息："我能不能跟你聊会儿？"

我当时刚好完成了当天的工作，于是就答应了。

花小姐对我说，他们团队里有一个女同事，经常利用工作时间逛淘宝、玩游戏。因为这个同事的原因，拖慢了整个团队的工作进度。作为团队管理者的她，自然没少训斥该同事。

这个同事一直怀恨在心，时不时在朋友圈里发一些负能量段子。虽然并没有指名道姓，可他们团队里的人都知道，这些话其实就是对她说的。

花小姐说，如果这个同事对自己确实有意见的话，完全可以当面提出来啊，没必要总是在朋友圈里指桑骂槐，这算什么呢？

02_

上礼拜，老火拉我出去喝酒。酒桌上，他连连叹气，我一琢磨，准又出事了。

果然不出所料，老火和女朋友因为一点儿小事闹了矛盾。女朋友离家出走不说，还在朋友圈里转发了大量的"直女癌"文章来声讨老火，含沙射影地埋怨老火不够在乎自己。

如今，好些女性公众号不时向姑娘们灌输一些"直女癌"观点，鼓励她们在男朋友面前"作天作地"，告诉她们身边的男人一定要把自己当作公主一般来伺候，不然就是对自己爱得不够深。

这类毒鸡汤看多了，老火女朋友的公主病变得越来越严重。在日常相处中凡是遇到矛盾，一概把问题怪罪到老火身上。

老火喝了一杯，说自己特别不理解女朋友的这种做法，有什么事情不能面对面解决，非要这么隔空喊话呢？

一遇到矛盾不是想方设法解决，而是通过发朋友圈来逃避问题，表面上看，好像把胸中的怨气宣泄了，可实际上却加深了两人之间的隔阂与误解。

03_

最近，我收到一个高中玩得不错的同学发来的一条语音消息，他的语气里带着一股深深的怨气："文翼，你怎么没来出席我的婚礼啊，亏我还把你当作兄弟，你太令我失望了。"

我被他说得一脸蒙，随即去翻与他的聊天记录，发现最近一段时间我俩并没有私聊过，最后的聊天内容还是关于去年我们约饭的。

随即，我回了一条消息过去："你结婚的事情好像没有跟我提过吧？"

他丢来"呵呵"二字，说："我前阵子都把电子喜帖发到朋友圈里了，你居然装作没看到，连个赞也不给我点。为了省下几个份子钱，连以往的情分都不顾，总算让我看清你的为人了。"

我还想给他发消息解释，屏幕上却出现了"消息已发出，但被对方拒收了"的提示。

当时的我郁闷至极，因为我平时并不经常刷朋友圈。我的微信里有上千好友，如若每天都把他们发过的动态一条不漏地看了，那我每天什么事情都不用做了。

在这个信息已经泛滥的时代，越来越多的人选择了退出朋友圈。遇上重要的事情时，最好还是给对方打个电话，再不济也要单独发个私信，提醒一下对方，不要想当然地以为对方肯定会看到你的朋友圈。

04_

不知道从什么时候开始，很多人开始把朋友圈当成一个排遣情绪、处理问题的地方，似乎朋友圈就像是一把万能钥匙，能轻易解决一切社交关系中的疑难杂症。

然而，事实上朋友圈并没有拉近彼此的距离，反而是让我们多了几分陌生与隔阂。

有一个读者朋友曾经跟我聊过他的故事。他喜欢一个女孩，也经常发朋友圈来讨好她。今天发几句女孩最近正在追的电视剧的台词，明天发一首女孩喜欢的偶像的歌曲，可女孩却从来没有给他的朋友圈点过一次赞。没过多久，女孩交了一个新男朋友，而我这个读者却白白错过了之前和她表白的时机，不由得捶胸顿足，心塞不已。

你捧着手机刷朋友圈的时候，本可以陪亲密的人倾诉几句，找疏远的朋友小酌几杯，约上心仪的对象看场电影，跟你的对手冰释前嫌。可你偏不，你偏偏要紧抓着冰冷的手机，把仅有的情感都放到社交网络上，逃避与身边人一次又一次交流的机会。

因为重度依赖社交网络，变得不敢真实地表达自己，这也是现代人的通病。

与其面对屏幕宣泄情绪，倒不如找个时间，与对方心平气和地坐下来，大大方方地说出你的内心感受。

毕竟，没有人能拒绝真诚。

永远不要失去做一个好人的觉悟

*01_*

前段时间，我和几个朋友去电影院看《一条狗的使命》。朋友佳佳被剧情感动得直落泪，从电影开场一直哭到散场。出来以后，她还久久不能释怀。

佳佳跟我们说，这部电影让她想起了自己两年前养过的一只泰迪。

那一年，佳佳陪朋友带着她的拉布拉多去宠物医院打疫苗，有一只棕毛泰迪一直围在她的脚边打转，她感觉这只泰迪和自己特别有缘，就把它买了下来，取名阿宝。每天佳佳下班回到家里，阿宝都会第一时间扑上来蹭她的脚，这让她感觉特别开心。

有一天，出去散步的时候阿宝走丢了，佳佳为此还发动了所有认识的人，在朋友圈里发了寻狗启事，可依然没有阿宝的半点儿线索。几天里，佳佳茶饭不思，失魂落魄，如同失恋一样。

之后的日子里，佳佳的几段感情也无疾而终。恋爱的时候，佳佳会倾尽所有对男朋友好，却总是以受伤结束。遇见的男人越多，佳佳就越怀念阿宝。她觉得男人有时候还不如小动物靠得住。

这大概就是越来越多的人喜欢养宠物的原因吧。宠物能够和主人相依相守，愿意把所有的情感都倾注在主人身上，主人们也不必担心它们会背叛自己。但在与人的交往过程中，人们感受更多的是失望与焦灼。

02_

前些天，朋友小迪凭着工作上的出色表现，顺利拿到了一个重要项目。

正当小迪准备大施拳脚之际，办公室里却爆出了她和老板有不正当关系的传言。传言轰动一时，甚至还传到了老板妻子的耳朵里，她还特地找小迪喝了一次下午茶。

小迪感觉特别委屈，她和老板之间就是单纯的上司和下属的关系，并非像他们所猜想的那样。可是谣言越传越凶，令小迪一度深受困扰，每天只要一踏入办公室，就能察觉到同事们那异样而灼人的眼神。

面对这样的压力，小迪最终还是败下阵来，主动向人力部门递交了辞职申请。

离开公司后不久，小迪收到一个女同事发来的消息："谣言是我散播的。"这个女同事是当初和小迪同一批进公司的员工，和小迪一直很聊得来，小迪也会经常帮她带点早餐、下午茶什么的。没想到这个女同事因为不满小迪晋升得比自己快，就想方设法给她使坏。她甚至大言不惭地对小迪说："我就是看不惯你长得比我好看，还那么优秀的样子。"

当小迪收到这条消息时，她感觉到后背一阵发凉，头皮发麻，脑子里突然冒出了一句话："为什么要怕鬼呢，害你的都是人啊！"

她心疼的不是丢了工作，而是没想到人心竟然会这么险恶。

03_

听一个朋友说起自己之前读书时在快餐店兼职打工的经历。当时，快餐店老板为了节省经营成本，会向附近的屠宰场收购大量的病死猪当食材。

每天清晨，朋友都会跟着饭店老板到屠宰场清点猪肉，装车，然后把猪肉拉回到快餐店，再亲眼看着厨师把猪肉加工成快餐，出售给附近学校的学生。

那时候的他为了挣取一个月几百块的工钱，对身边的同学隐瞒了这个事实。后来，他发现自己患上了猪肉恐惧症，一见到猪肉就反胃作呕。

朋友坦言，直到现在，每当他想起快餐店老板那一副利欲熏心的嘴脸，就会发自内心地对人性感到失望和厌恶。

正如一句话："世上有两样东西不可直视，一是太阳，二是人心。"

04_

还记得前阵子备受关注的杭州保姆案吗？豪华住宅区的林姓业主，因为妻子的关系，高薪雇用了保姆莫某。谁知，莫某手脚不干净，偷窃了女主人的名表和小孩的手镯，还以买房为由跟女主人借了10万元。

事发前一晚，女主人怀疑自己的名表被莫某所盗，决定要辞退她。莫某怀恨在心，离开前把宝宝们的金手镯等值钱物品带走，然后心生一计，试图用"放火"的方式来掩盖自己的偷盗行为，以表忠心。

这场火灾最终造成朱某及其3名子女死亡——好一出现代版的《农夫与蛇》。

人眼的像素高达5.76亿，却仍旧看不懂人心。

你有没有经历过这样的一刻——对人性心生绝望？

人的本性里充满了自私、贪婪和卑劣，在某种意识的驱动之下，往往会做出很多令人意想不到的事情。可是，如果一个人缺失了最起码的道德与良知，那么他连牲畜都不如。

正是因为见识过各种丑陋的恶行，你才会在心里不断告诫自己，永远不要失去做一个好人的觉悟。善与恶，往往只是一念之差，却能直接决定你将会走上哪一条道路，经历何种人生际遇，以及在别人眼里会成为何种人。

你要明白，生来纯良，胸怀坦荡，从来不是伪装自己的一种手段，而是为了一辈子的心安。

别和层次不同的人争辩

01_

记得大学毕业刚进公司时，有一天和胡哥出去办事。事情办完以后，我们开车来到停车场的出口处，一个老人过来收费。

明明我们的车停了不到半个小时，老人却硬生生要收30元钱。

我嘟囔了一句："你们的收费也太不合理了吧！"

老人斜了我一眼，二话不说就把停车场的门关上了，然后一个人走进传达室，优哉游哉地喝起了茶。

我正想下车找他理论，胡哥却适时制止了我，一声不响地把停车费交了。

顺利离开之后，我向胡哥抱怨道："明明道理在我们这边，为什么要向他妥协？谁怕谁呢！大不了就跟他耗下去呗。就算要交钱，也要让他出示物价局的相关证明以后再交也不迟。"

胡哥笑了："你还是太年轻，认准了一个道理就不惜死磕到底。明眼人都能看出来，他这是在乱收费。可是为了这点儿钱就把时间耗在这里，耽误了接下来的工作安排，并不划算。"

多年以后，我依然记得胡哥当时跟我说过的这句话：永远不要和层次不同的人争辩，那是对自己的一种无益损耗。

02_

编辑朋友小毅今年回家过年时，被家里的亲戚问到工资情况。

小毅如实相告后，亲戚居然语带嘲讽地说："你好歹是个名牌大学的学生，怎么还不如村口李家的儿子呢，人家只是个中专学历，可是这些年在上海混得相当不错，据说最近就要回村子盖房子了。"亲戚还一个劲儿地摇头感慨："读那么多书还真没什么用啊！"

小毅跟我说，年初的时候，他一直很喜欢的一个自媒体公众号招人了，他满怀热情地投了简历，最后被成功录用。虽然这份工作的初始工资并不高，还需要经常加班，可是每天能够和一群志趣相投的同事一起共事，他感觉自己过得还是挺充实愉快的。

听了亲戚的一番话后，小毅当时就想为自己辩解一番，最后想了想，还是作罢。

小毅的亲戚以"挣钱多少"作为评判一个人成功与否的标准，而小毅则更加看重工作给自己带来的价值和前途。认知水平的差异，决定了他们很难聊到一块去。

在那些根本不在同一频道的人面前，凡事都想争个明白，其实不过是在自寻烦恼罢了。

03_

最近，昆明发生了一场悲剧：28岁的演员刘洁被一名醉汉活活刺死。当时，刘洁正带着未婚夫去医院看望生病的外婆。二人在住院部楼下遇到一名醉汉，因不小心碰了一下，醉汉开始骂骂咧咧，他们随即和醉汉理论起来。醉汉一怒之下，抽出刀子冲着女孩连捅两刀，一刀心脏、一刀脾脏……

而醉汉刺死刘洁后，竟还挥刀追砍刘洁男友，导致他的腿部也被划伤3刀，后来旁人上前帮忙制伏醉汉，才保住一命。

原本幸福美满的两人，却因为一场无谓的争执天人两隔，不禁令人唏嘘万分。

美国第十六任总统、奴隶制的废除者林肯说过一句很形象的话："与其跟狗争辩，被它咬一口，倒不如让它先走。否则就算宰了它，也治不好你被咬的伤疤。"

和什么样层次的人争辩，你将会沦为什么样子的人。

不是所有人都处于同一层次。当你在生活中不被理解时，先不要急着去争个输赢，你要清楚，并不是所有人都配得上你的解释。

我们无法改变其他人的品性和素质，但我们有选择远离他们的权利，不与他们做过多无谓的争辩和纠缠，就是对自己最大的保护。

这并不意味着软弱或退让。当你耗尽精力也难以消除人与人之间的认知差距时，你终会明白，最好的发声方式，莫过于少说话，做好自己。

04_

我记得一个朋友跟我说起过他曾经任职过的一家民营企业，公司里的大多数员工都属于关系户，很多人甚至连初中文凭都没有，素质参差不齐。

我这朋友每天需要耗费大量的时间和精力去和同事们扯皮，打太极。久而久之，他似乎被同化成了同一类人，练就了一身诡辩的本领，但业务水平和薪酬却没有丝毫提高。他感觉自己在这种氛围下工作起来非常压抑，后来终于忍不住向老板提出请辞，逃离了那家公司。

20世纪初的美国财政部部长威廉·麦克阿杜曾经说过："你不可能用辩论击败无知的人。"

很多时候，我们都希望自己的观点被对方接受，用自己的价值观纠正他人。可是，对于不同的人而言，他们对于同一件事情的看法会千差万别。

对方并不会因为你的言语变成你希望他们成为的那类人。所以，当遇上问题时，你们更多时候也只能各说各话，矛盾和意见不合的情况难以避免。

对于层次不同的人，我们不必刻意相交，也不必试图去改变对方。我们只需待在自己的圈层内，结交一些气味相投、有相同价值观的人，这样的人生，足矣。

有些话，说给懂的人听，才有意义。

爱不爱还在其次，相处不累才最重要

01_

微信上收到一位读者朋友发来的消息。她说自己的男朋友情商很低，感觉和他谈恋爱实在太累。

她说："男朋友以前追我的时候倒还好，每天给我发无数条消息嘘寒问暖，还不时送鲜花送礼物，简直就是完美恋人的化身。没想到追到手之后，就完全变了一个人，越来越不懂得珍惜我的好。每次吵完架，他也不会主动来哄我，我越来越觉得自己像是在跟一个孩子谈恋爱。单身的时候，看着身边的情侣们秀恩爱，还无比羡慕他们，做梦都想找个对自己百般呵护的男生。可有了男朋友以后，却发现相处起来特别累，还不如单身时过得潇洒快活。"

我问她："既然这么累，难道就没有考虑过分手？"她说，其实之前两人也分开过几次，但好歹也谈了这么长时间，感情还是有的。没过多久，男生来找她，她忍不住又跟他和好了。她坦言，在这段恋爱关系中，自己过得很辛苦，明知道和男朋友很难有未来，却又害怕分手后的孤独，所以心里很矛盾。两个人就这么一直互相折磨着，合不来，却也分不开。

宁可守着一段错误的感情，也不愿意回归到单身的状态中去，这就是很多恋人目前的状况。

02

之前和一位朋友喝早茶，他向我抱怨自己的女朋友是个难以相处的人，经常会因为一点儿小事和他吵上半天。他说，这份爱几乎把自己压得喘不过气来，感觉自己就像找了一个负担。

朋友当初痴迷于网络直播，经朋友介绍，认识了现在的主播女朋友。追女朋友那阵子，他每天在直播平台上殷勤地给她留言，还砸了不少钱给她刷礼物，只为了引起她的注意。他说每当看到"女神"那迷人的笑容，就觉得自己的一切付出都是值得的。

最后，他终于把"网红"主播追到了手。可一段时间相处下来，他发现女朋友并不如表面看上去那般乖巧善良，动不动就会对他发脾气，让他感到十分憋屈压抑。

因为彼此观念不和，两人三天两头就会爆发冲突。有一次，两人吵得凶了，朋友直接丢出"分手"两字，女朋友气得把他送的iphone7直接摔得七零八散，扭头就走，再也没回来过。

正如那句话所说的，乍见之欢，不如久处不厌。

很多时候，两人分手并不是因为不爱了，而是矛盾接二连三地出现，导致两人再也没有办法相处下去。要知道，即便是拥有再多的爱，也很容易被生活中那些琐碎和坏情绪一点一点地消磨掉，最终形同陌路。

03_

经常听身边的人抱怨说，谈恋爱实在太累，要费尽心思地与对方相处，要照顾对方的感受，要包容对方身上一切的不完美，麻烦至极，倒不如自己一个人过得省心自在。

热恋时你侬我侬，对方的一切缺点在自己的眼中都显得可爱迷人。可当两人的情感趋于稳定之后，却发现彼此之间有太多不合适的地方。这时候，能否给予对方理解和包容，与对方融洽地相处，才是决定你们这段感情是否能够维系下去的关键。

几个月前，公司财务王姐生了一场大病，我和同事们约了一起到医院去探望她。进门就见王姐的老伴在病床前一勺一勺地盛着粥，然后细心地给王姐喂食。王姐不小心把杯子里的开水打翻了，弄湿了一床被单，老伴一声不响地从柜子里拿出一套新的换上，没抱怨半句。

我们几个小年轻看了都十分羡慕和感动。

久处不厌，才是一段感情最好的状态。

04_

当你在一段感情中屡屡遭遇挫折，并且感觉到难以为继，或许是因为你遇上的并不是一个对的人。你不应该满腹怨念，把这一切问题归咎于爱情本身。

黄磊在一篇文章中谈到与太太的相处之道。他和太太相恋整整二十年，日子过得平淡寻常，几乎没有发生过真正意义上的矛盾。他的太太不会洗衣，不会做饭，可黄磊依然包容了她。两人吵架的时候，黄磊就跑到外面去买太太爱吃的东西，然后悄悄地放到餐桌上。太太一看，气消了一半，这事儿就算过去了。

在一段感情中，两个人需要磨合，肯定都会经历各种"累觉不爱"的时刻。在恋爱和婚姻中提升自身的情商，找到与伴侣之间最合适的相处模式，也不失为人生中重要的一课。

当你意识到这段感情带给你的伤害远远大于快乐，终日让你感到心力交瘁，寝食不安，劝你还是趁早放手吧！真正心疼你的人绝对不会让你受累，那些让你在感情中饱受委屈的人，并不爱你。

好的感情能让你的心头泛起阵阵暖意，不适合的关系对于双方都是一种无意义的损耗。当你见过太多的聚散离合，经历过太多失望和不被理解的滋味，你终会明白：

爱不爱是其次，相处不累才最重要。

真正的友情，是不必相互取悦

01_

那天在超市里碰见了Z先生，他正陪着家人为即将出世的宝宝挑选育婴用品。我们两站在货架边聊了一会儿，细聊之下才发现，原来我们已经有三年多的时间没有见过面了。

以前，我们每隔一段时间都会相约出来喝茶，互相说说对方的近况。而今只要打开微信，就能随时随地在朋友圈里刷到对方的消息，仿佛两人近在咫尺，就像彼此从来就没有断过联系。

似乎我们都太过于依赖从朋友圈里得知对方的近况，而渐渐减少了碰面的机会。

没想到多年以后再次相见，我和Z先生依然可以熟络地聊天，聊得兴起时还能旁若无人地哈哈大笑。

直到Z先生的家人在一旁催促，我们才依依不舍地告别，互相提醒对方一定要找个时间出来再好好叙叙旧。

或许，这就是真正的朋友吧！即便许久不见，感情依然不会受到时间和距离的影响，与对方相处起来，也会感觉到最实在的温暖。

02_

朋友雨馨有个关系不错的姐妹R，R前阵子交了个男朋友，成日忙着与男朋友谈情说爱，很长一段时间没有跟雨馨联系过了。

某天深夜，雨馨却突然接到R打来的电话，约她到江边见面。

等雨馨打车赶到以后，只见R坐在河堤上哭得撕心裂肺。雨馨安抚了她一阵子，给她递上纸巾，R才慢慢说出了原因。半个月前，她去见了男朋友的家长，男方妈妈认为她的个子太矮，会影响后代的基因，极力反对他们的婚事。男朋友迫于家里的压力，晚上在电话里向她提出了分手。

当时的R感觉相当无助和孤独。她打开手机，看着通讯录里的一堆号码，却不知道应该打给谁。

她想到了雨馨。

雨馨就这么陪着R，两人你一言我一语地说着前任和他的家人，一直聊到天亮。

有一种友情，是平时各忙各的，只要想起对方的时候，一个电话或者一条信息就能找到对方，甚至连理由都不需要。你不会因为打扰了对方而感觉到有压力，他（她）是你随时想见就能见到的人。

03_

每次出去吃饭，看到邻桌的客人拿着酒杯，互相攀着肩膀称兄道弟，嘴里不断地说着那些恭维对方的好话，我心里就想，这未必是一段好的友情。这些年来，每认识一个新朋友，我都会努力讨好对方，小心翼翼地组织言辞。表面上看是很友好的关系，实际上却是"交面不交心"。

最好的友情是即便向对方袒露心底真实的想法，也不用担心没有顾虑到对方的情绪。若是真朋友，又怎么会因为你的所言所行而疏远你？

陈佩斯和朱时茂曾经是春晚舞台上备受观众喜爱的一对搭档，两人私底下的交情也很深。谈到和搭档朱时茂的"革命情谊"时，陈佩斯说："我们见面就不客套，永远是直奔主题，彼此之间是属于那种有什么说什么的关系。"他用一句话来评价他们的关系：从来都不会想起，永远也不会忘记。

真正的朋友，不是相互取悦，有话可以直接说，不用小心地猜测对方的感受，因为他们从来不会因为你说了什么而离开你。

有一句古诗："君乘车，我戴笠，他日相逢下车揖；君担簦，我跨马，他日相逢为君下。"

大意是：将来你坐宝马香车，我还是戴笠耕种，若相见，你下车跟我作揖寒暄；将来你为撑伞布衣，而我骑高头大马，若相见，我仍然下马迎接你。

无论阔别多久都不会感到生疏，也不因身份的转变和地位的差异而翻脸不认对方，或许这就是被世人所称道的友情吧！

04_

这些年来，身边的朋友换了一拨又一拨，但总有几个知己好友永驻心田。虽然平时也就只是在朋友圈里互相点点赞，彼此并没有刻意相聚，可见面以后，却总是可以毫无障碍地聊得火热，就好像从来未曾远离过。

三毛说："朋友中之极品，便如好茶，淡而不涩，清香但不扑鼻，缓缓飘来，细水长流，所谓知心也。"

真正的友情，是你能看懂我的嘴型，我也明白你心里的意思，即便是相对无言，也不会感觉到尴尬与难堪。哪怕一个闪失说错了话，也不必担心对方会责怪你，所有的误解和分歧都会付诸笑谈之中。

陈奕迅在《最佳损友》里唱："从前共你，促膝把酒，倾通宵都不够，我有痛快过，你有没有，很多东西今生只可给你，保守至到永久，别人如何明白透。"感情越好的朋友，说话越是随意。只有这种自然产生的关系，才能更加亲密而稳固。

愿你身边能多几个不需要刻意取悦的良朋知己，陪你分享生活的点滴，陪你一起走过这漫漫人生路。

谢谢你没把我从微信好友里删除

01_

我的微信好友有三千多个。

那天，在咖啡馆等人的时候，闲来没事，就打开微信清理了一大拨人。

不少好友都是在莫名其妙的情况下加的，有的甚至连面也没见过，我却每天都能在我的朋友圈里看到他们的消息。我把那些无关紧要的人从好友列表里移除以后，留下了一部分在生活中有过来往的人。

这些人大多是我以前工作上的伙伴，或是多年不见的朋友，还有一些是有过一面之缘的过路人。明知没有什么意外的话，应该不会再主动联系对方了，但还是愿意让他们占据着列表的空间，没舍得下手删除。

或许是因为，他们或多或少地参与过自己的生活。选择把他们留在通讯录里，并不是为了日后方便联系，更多的像是一种相遇过的纪念。

02_

有一次，约了朋友小麦去吃烤肉。

在等待肉熟的过程中，他一直在埋头发着消息。我好奇地问他："认识你好几年了，怎么还在用着这部旧手机？不卡顿吗？"

他说："这部手机是前任攒了很久的钱给我买的生日礼物，里面存了我们之间所有的聊天记录，对我有着很重要的意义，所以一直没舍得换。"

小麦和前任分手以后，他一直没有把她的号码和微信从手机里删去。半年前，两人的婚事遭到了家里人的反对，原因是小麦的经济条件不足以让他在这座城市买一套房子。后来，前任顺从了父母的意愿，离开了他。

每当夜深人静的时候，小麦都会一个人默默地听前任给他发过的语音，想着两人要是还能像当初一样恩爱甜蜜，那该多好。

小麦一直没舍得把前任从好友列表中删除，当他想她的时候，总会打开微信看看她的头像，寄托一下这份思念。

对小麦而言，前任这些年来换过的每一张头像，用过的每一个昵称，写过的每一句签名，都藏着他那一段忘不掉的青春岁月。

曾经每天腻在一起，以为这样下去就是一辈子，没想到一个转身，就成了回不去的昨天。

03_

每个人的好友列表里，总有一些舍不得删除的人。

他们可能是你过往的恋人，曾经的挚友，好久不见的同学，和你聊得来的同事，对你百般照顾的上司。

那些在视野里消失了很久的人，几乎让你差点儿忘了他们，可他们的联络方式却一直留在你的通讯录里，好像是为了证明他们曾经出现在你的生命中，哪怕如今早已咫尺天涯。

有时候也会想，若是他日再次相逢，彼此间还能恢复从前那种熟络的关系吗？恐怕是很难了吧。

记得有一次，我的手机忘了锁屏，不小心触到了一个久未联系的旧友的号码。不得已之下，我只得硬着头皮站在马路边和他寒暄了半天。放下电话以后，我忍不住在心里感叹，当年，我经常和他一起爬山打球，喝酒"撸"串，关系好得连各自的家人都知道对方的名字。后来，他离开家乡，北上创业，彼此就断了联系。相隔多年后再次通话，彼此间好像存在着一道看不见的鸿沟，我突然明白，我们再也不可能回到当初了。

正如周国平所说："原本非常亲近的人后来天各一方，时间使他们可悲地疏远，一旦相见，语言便迫不及待地丈量着疏远的距离。人们对此似乎已经习以为常，生活的无情莫过于此了。"

有时候，就算我们在路上意外遇见了那些久未相见的朋友，也会装作素不相识，绕路而行，其实只是为了避免那些不必要的生分与尴尬。

这么多年未见了，不论他们现在过得好不好，都和我们无关了。

有些人，走着走着就散了，连个正式的告别都没有。在茫茫人海中，我们各自转向，互不打扰。

04_

董卿曾说过一句话："其实当我们有一天，在回忆过往遇到的这些萍水相逢的人，如果我们能够想起来更多的是一份单纯、友好和善良，这就是我们的幸运。"

生命中的好些人，来了又走了，能常伴在自己身边的，毕竟是少数，更多的他们留在了我们的通讯录里，留在了那些短暂的岁月中。

想起他们的时候，就去看看他们的微博，翻翻他们的朋友圈，静静地旁观他们的生活近况。对于那些随着时间和环境的变化而慢慢疏远的人，我们早已失去了打扰的理由。

我们都清楚，人与人之间一旦疏远了，不论往后再怎么刻意维系，关系也很难变得亲近自然。

望着那些从我们的生活中渐渐远去的人，也只能无声地祝福他们：

愿在我看不到的地方，你也能过得比从前更好。

远离你身边那些没修养的人

*01_*

有一天上班乘坐电梯，中途有一个男子夹着半根烟就走了进来，电梯里顿时乌烟瘴气。

不少女同事捂着鼻子，皱起眉头，一个劲儿地抱怨着。

男子依然忘我地吞云吐雾，完全不顾及旁人的眼光。旁边有人善意地提醒他把烟掐灭了，反被骂得狗血淋头，甚至差点儿动起手来。

当男子走出电梯的时候，还示威性地往地上吐了口痰，一副"老子就是王，谁怕谁"的架势。那一副嚣张跋扈的态度，简直让人恨得直咬牙。

后来听同事说，男子是某个金融公司的小老板。不禁慨叹，明明是个有身份的人，可素质却让人不敢恭维。这也足以说明，一个人的社会地位和他的素质并没有本质上的关系。

社会上从来不缺乏这一种人，他们凡事都从自己的角度出发，从来不考虑他人的处境和感受，即便是在公共场合也不注意自己的言行举止，还总把没教养当成有气场，将自己内心的空泛和自身的浅薄完全暴露出来。

02_

同事小安孤身一人到北京打拼，为了省下生活费，她和另一个姑娘合租了一套公寓。

室友虽然表面上打扮得光鲜亮丽，但一段时间相处下来，小安却发现她素质并不高。

室友每天三更半夜从外面回来，而且也不知道手轻，根本不顾忌别人是不是已经休息了。小安睡眠浅，经常被她吵得翻来覆去，难以成眠。

有好几次，室友还带回来几个朋友，在客厅里开派对，吵得小安一整夜都无法入睡。小安故意敲了敲墙壁让他们减轻音量，他们却丝毫不理，继续碰杯猜拳。第二天，小安起床后发现客厅里一片狼藉，遍地都是啤酒瓶、烟蒂、西瓜皮、啃过的鸡爪和废弃的纸巾。她费了好长的时间，才把屋子打扫干净。

小安也找室友谈过几次，让她深夜时注意影响，不要扰人安眠。可这丝毫没有引起室友的重视，对方反倒认为每个人都有自己喜欢的生活方式，其他人并没有理由来干涉自己。

这种情况一直持续了将近两个月，最后小安实在是不堪其扰，从公寓里搬了出来。

大家同住在一个屋檐下，相互包容和理解本无可厚非，可如果隔三岔五就爆发矛盾，不懂得收敛和谦让，那么到最后，也只会落得惹人嫌恶的下场。

03_

那天和几个女性朋友聊天，聊起了她们的丈夫。马姑娘谈起了自己和丈夫的事。

很多年前，马姑娘和丈夫还只是恋人关系时，她就曾特意观察过他一段时间。

马姑娘的丈夫出身于书香门第，待人做事谦逊有礼：乘电梯会主动按住开门键让别人先进；用餐时会礼貌地跟服务生道谢；驾车经过水坑会缓慢行驶，以防溅湿路人；遇到拥堵状况时，也不会鸣笛催促、怒骂脏话。

在日常相处中，他也会把马姑娘照顾得细致入微。无论两人闹了多大的矛盾，马先生也没发过火。

正因为生活中的种种细节，让马姑娘认定了丈夫是个靠谱的男人，愿意放心地把自己的一辈子托付给他。如今，他们已结婚十年，日子过得美满幸福。

好的涵养不仅能让你维护好身边的人际关系，甚至还会让你拥有一段美好的婚姻。

*04_*

最近看了一则新闻，福建莆田车主蔡先生驾车时远远看见一位挂着拐杖、步履蹒跚的老人，就停下来让老人先过。令他意外的是，老人随即脱下帽子，向他深深地鞠了一躬。

还有另一则社会新闻，湖南一快递员在送快递时因迟到5分钟，遭一女子殴打，一男子随后冲出来，猛踹快递员胸腹，造成其软组织挫伤，大小便失禁。事后，打人女子承认，自己是因为处于生理期才反应过激。

以为把过错归咎于生理期，就可以为自身的不妥言行开脱，这也是素质低下的人一种典型的思维逻辑。

《悲观主义的花朵》中写过一句话："克制是尊严和教养的表现，必须借助于人格的力量。那些下等人总是利用一切机会表达发泄他们的欲望，而软弱的人则总是屈从于欲望，他们都不懂得克制。在这么一个张扬个性的年代，更加没有人视克制为美德。"

在地铁上看见过一对父子，父亲一看就是很朴实的劳务人员，背上背着一个很大的编织背篓。即便身旁有空位，父子俩也一直站着，大概是怕把座位弄脏了。下车时，儿子不时地提醒父亲："爸爸，小心你的背篓不要把别人撞着了。"父亲回答："好嘞！"

我静静地看着他们的身影消失在车厢里，从心底涌起一股敬佩之情。一个有修养的人，并不在于他有多高的学历或多好的家境，而在于他们的一言一行。修养藏在每个人的举手投足间，藏在每一个不经意的细节里。

纵观当下的社会，好的教养变成了稀缺物。人与人之间的差距，比人与动物的差距还要大。很多人把自己收拾得体面漂亮，但和人一接触，就暴露了自己真实的品行，着实让人大跌眼镜。

有教养的人更善于控制自己的情绪，对他人抱持理解和宽容的态度。无论走到哪里，他们都会受到他人的善待，似乎连运气都会特别眷顾他们。

不要从别人的嘴里认识我

*01_*

昨晚临睡之前，接到了季晴打来的电话。她哭哭啼啼地问我："是不是女孩子都不能太优秀？"

季晴在一线城市工作，清明假期时，开车回了趟老家。和亲友们聚餐的时候，她说了自己打算买房的事情。没想到她离开之后，老家的人便闲言碎语："穿一身名牌，还在一线城市买车又买房，一定是被包养了吧！"

据我所知，季晴目前正运营着一个情感类的自媒体，偶尔也会接一些广告，她的每一分钱都是靠自己挣来的。为了方便见客户，她上个月刚刚提了部二十多万的奥迪车。最近，她正打算贷款买房。没想到，自己追求体面的生活，也能落下话柄。

季晴的老家是个小地方，那里人的思想观念还相对保守落后。在他们的眼里，一个女孩子，年纪轻轻就能挣这么多的钱，绝对是傍上哪个大老板了。这话传到了她父母的耳中，连他们也不禁怀疑起来，母亲打来电话千叮咛万嘱咐她不要走了歪路。

季晴说，听了那些闲话，自己真心觉得苦恼，弄得现在一提起回老家就充满了焦虑和恐惧。

02_

记得大学刚毕业那阵子，在某国有企业实习。刚进公司的我急于做出一番成绩来证明自己的能力，忽视了和同事们搞好关系。由于经常独来独往，加上平时少言寡语，不少同事都这么评价我：孤僻，不合群。

后来，因工作来往和别的部门的一个同事吃饭，我俩越聊越投机。他说："和你接触下来，感觉你还是挺健谈的，并没有外界传得那么不苟言笑啊！"

我笑着说："或许是我这人比较慢热的缘故吧，对待还不太熟悉或者聊不到一块儿的人，并不会表现得特别热情主动，所以不少人会觉得我难以接近，以为和我相处起来会很困难。"

我是个典型的摩羯男，在一般的公众场合，永远都是一副高冷的脸，从来都不会主动找人说话。其实在私底下，我也会有开朗活泼的一面，但只会在少数人面前展现。

"世间所有的内向，都是因为聊错了对象。"其实，要想真正认识一个人，也只有与对方深入接触过，才能揭穿那层表象，去靠近那个更真实的他。

03_

别人嘴里的我们，会有无数个版本。

不少人对于我们的印象，往往都会先入为主地代入他自己的主观评判。很多话经过他们的口，多少也会存在一些添油加醋、以讹传讹的成分。日常生活中我们难免会遭受到各种莫名其妙的误解。

前几年，在杂志社上班时，接了一个采访任务——上级委派我去采访一个在当地颇有名气的画家H。同事告诉我，这个画家H在圈内说话爱得罪人，也不大乐意配合媒体的采访。

我只能硬着头皮去了。可没想到，采访工作出乎意料顺利，画家H非常和蔼可亲，一直劝我多吃水果。采访结束之后，他还送了我一些私藏的茶叶。

在采访过程中，我得知了画家H被外界误解的原因——画家H因为自己有过两段不愉快的婚姻，有些媒体在采访时总爱围绕他的私生活展开，而对于他的作品却聊得很少。他说话也比较耿直，遇到这种不想回答的话题自然会不留情面地拒绝。正因为如此，他这些年得罪了好些媒体记者，以至于外界都觉得他是个脾气古怪的人。

一百个人对我有一百种评价。不要从别人嘴里认识我，我对待每个人都不一样。

04_

在电影《搜索》中，女主角叶秋蓝因为接受不了自己患上癌症的事实，没有在公交车上给老人让座。这段视频被媒体曝光后，她在公众面前落下了缺乏教养、品质败坏的形象，极大地影响了她的工作和生活。最后，她因为忍受不住舆论的压力，跳楼自杀了。

人活于世，总会遭遇到误解，也会被外界的那些不实评价困扰。我们会努力向别人澄清自己，然而大多时候，并没什么实际作用。

后来你发现，有些根深蒂固的误会并不是靠解释就可以解决的。你再也不想费尽心思地去取悦他们，随他人想吧，做那个真实而不完美的自己就好。

对于那些理解你的人，你从来不需要向他们解释；对那些不理解你的人，你解释再多也是徒劳无益。

请别随便向别人打听我。用你的双眼和内心去接触，去感受，你才会发现站在你面前的这个我，远比你想象中的要纯粹自然。

那些在不了解一个人的真实情况下，凭着几个标签就对着他人评头论足的人，除了证明自身思想不够成熟以外，也确实会给当事人带来莫大的困扰和伤害。

愿你永远不要成为这种人。

不是所有的对不起，都能换来没关系

*01_*

几年前，我还在杂志社当记者，有一次去参加了一个大型少儿才艺比赛的活动，工作是进行全程的摄影与采写。

一对孩子在上场表演之前起了冲突，其中一个女孩子被打了。老师赶紧走过去，严令打人的男孩子向女孩子道歉。男孩子迫于压力，不情不愿地从喉咙里憋出了一句"对不起"。

而那个被打的女孩子却说："老师，他把我心爱的鞋子踩脏了，还动手打了我，我很伤心，并不想原谅他。"

女孩子的一番话，让一旁的我感触很深。在遭遇伤害以后，明明很心痛，却仍要违背自己的意愿去原谅对方，确实有点儿强人所难。

我们从小受到的教育是，无论对方对自己施加了多大的伤害，也一定要不计前嫌地原谅对方，不然就是心胸狭隘，不够气度。

然而我想说的是，并不是所有的"对不起"，都能换来一句"没关系"。

02_

去年过年的时候回了趟老家，和单亲妈妈 W 小姐见了一面。

W 小姐和前夫在几个月前离婚了。W 小姐承担起爹妈的双重角色，一个人带着几岁大的孩子开始了新的生活。

谈起离婚的事情，W 小姐声泪俱下，她说她这辈子都忘不了前夫对自己的伤害。

那一年，W 小姐在家里发现了前夫出轨的证据。她百般质问，前夫却矢口否认。两人越吵越凶，前夫一怒之下，对着 W 小姐一顿拳打脚踢，连三岁大的孩子抱着他的大腿哭着让他别打了，他还是没有停下来。

幸亏家人及时赶到，把 W 小姐送进了医院。在前夫的毒打之下，W 小姐断了三根肋骨。在 W 小姐住院期间，前夫因受不了身边舆论的谴责，只好提着水果到医院去探望她。W 小姐抓起床头的水杯朝他丢去，声嘶力竭地大吼，让他滚出去。

于 W 小姐而言，前夫的背叛以及对自己肉体上的伤害，无疑是一场萦绕不去的噩梦。她说自己这辈子也无法原谅前夫犯下的错，也不想给前夫任何补偿的机会。

错误一旦发生，即使当事人道歉了，也仅仅是让他们自己消除了心里的一点儿内疚感而已。不是所有的道歉都能得到回应，如果受害者选择不去原谅对方，也并不代表他们错了。

世界上根本不存在感同身受这回事，针不扎到你身上，你永远都不会知道有多痛。

03_

岳云鹏曾经接受中央电视台《面对面》节目的采访。节目中，他谈起了15岁那年在餐馆当服务员的经历。

有一次，岳云鹏因为算错了两瓶啤酒的价格，遭到顾客毫不留情的辱骂。他好话说尽，甚至愿意自掏腰包为顾客买单，可顾客仍然不依不饶，足足辱骂了他3个小时。岳云鹏成名以后，始终忘不了那段往事。他直言不讳："我还是恨他，到现在我也特别恨他。"他忘不了那段经历给自己带来的窒息难熬的痛。不论过去多久，他也无法说服自己与岁月里那个伤害过自己的人达成和解。

看着一个汉子在镜头面前掉眼泪，我想，这大概是他一辈子都放不下的伤痛吧！

有些屈辱、伤痛和愤恨，可能连时间也无能为力，而我们也将背负着它们过完一生。

04_

很多文章都会劝读者们在面对伤害时要包容，要豁达，要勇敢丢弃那些不愉快的过往，要敞开胸怀去接受那些伤害过你的人。一笑泯恩仇，这才是对人对事正确的处理态度。这就像是，你虽然被人打脸了，但仍要强颜欢笑，关切地询问对方的手疼了没有。

在这个世界上，并不是所有的矛盾最终都能得到和解，也不是所有的关系都有回旋的余地。如果非要强迫受害方原谅那些狠狠伤害过自己的人，反而容易形成一种道德压制。

知乎上有一个关于如何回应"我已经道歉了你还想我怎样"的提问。有一个网友的回答很到位："这世上不存在任何'如初'，只有'从未'和'重来'。我们可以接受一件衣服偶尔弄脏了，因为世界上没有绝对干净的衣服。衣服只要穿就可能脏，可以洗干净。但是我们不能接受这衣服被撕碎了，你告诉我这还是一件衣服。"

若是一切的伤害已然造成，你当然可以大大方方地原谅对方，平息事端，但真的不必过度勉强自己。我们都不是"圣母"，请务必尊重自己内心最真实的感受。

如果原谅对方这件事对你而言是一道难以跨越的坎儿，何不就此停下，朝对方说出："我不接受你的道歉，我也并不想原谅你。"

人的一生这么长，谁都会有几段被人伤害的记忆。不原谅对方，并不代表着从此就要陷入仇恨的泥潭里，我们只是把它埋在心底，提醒自己，这只是成长过程中的一段心路历程，不必过分放大。

即便有些伤害终归无可避免，我依然希望我们之中的每一个人，最终都能够坦荡而有尊严地活着。

我不想原谅你，我只想放过我自己。

Chapter / **6**

如何与人相处，
决定了你未来的人生层次

和你陌生到连点赞都要斟酌再三

01_

前几天我去电影院看《变形金刚5》，摸黑找到座位坐下以后，意外地发现坐在隔壁的居然是我的高中同学阿权。

阿权是我高中时期的同桌，我们曾经好到经常互相换衣服穿。高中时期，我们每天一起回家，一起打球，关系特别亲密，就连我们的家人都知道彼此的存在。

毕业以后，我们去了不同的地方念大学，之后便断了联系。

当年我放暑假回到老家，还特地到阿权的家里去找过他，可敲了好久的门都没人应声。听街坊说，他们一家人早已搬走了，也没留下任何的联系方式。后来，我再也没听到阿权的任何消息。

当我和阿权在电影院里认出彼此以后，并没有太多久别重逢的惊喜，取而代之的是难以名状的拘谨和生分。随着岁月的变迁，阿权早已变了另一番样子，再也不是当年那个可以和我分享秘密的挚友了。我们聊完了这些年来的经历，随之而来的便是无话可说的尴尬。

好不容易熬到电影散场，我终于在心里长吁了一口气，站起身来，和他礼貌地告别。临别的时候，我们交换了联系方式。他留下一句"改天一起吃饭"，我也是微笑着点头答应。

我们彼此心里都清楚，所谓的"改天"，或许就是永远都不会到来的那一天吧。

02_

朋友佳佳说，那个曾经被她告白过的男孩终于要结婚了。

那个男孩曾是学校里的风云人物，和佳佳同属一个社团，两人经常一起共事，一来二去，就有了暧昧。后来，佳佳得知男孩在校外有个正牌女朋友，于是主动断掉了这层关系，那阵子还为此事伤心了很久。

几年过去了，佳佳早已把这段感情放下。男孩最近在朋友圈里晒出了他和妻子的结婚证和婚纱照，佳佳想为他点个赞，送上祝福，可想了想，还是收回了停在屏幕上的手指，直接关机睡觉。她害怕因给对方点赞而被误解成："我始终忘不了你啊！"

宁愿在朋友圈里隐身关注你，并一声不响地旁观你的幸福，也不想贸然出现在你的生命里，以免掀起波澜，给彼此带去不必要的困扰。

03_

最近，同事小雨和曾经要好的闺密互删了微信好友。

以前，闺密每次在朋友圈发动态，小雨总是第一个为她点赞评论。

闺密的每条朋友圈动态底下，都不乏几十条长长的互评。

后来，小雨的交际圈子越来越大，认识了一些新的朋友，和闺密的联系渐渐减少了。某天，小雨点进闺密的朋友圈，想看看她最近发的生活状态，却只发现了一条惨淡的横线。她并没有声张，也不再主动地在微信上找闺密聊天了，同时默默地把朋友圈设置成了"不对对方可见"。一段时间以后，两人默契地互删了好友。当小雨再次点入闺密的头像，却意外出现了对陌生人可见的十条动态。

她苦笑着说，原来她们之间的关系，连一个陌生人都不如啊！

世界上任何一种关系，都必然会有走到尽头的一天。

04_

这些年来，我们陆陆续续添加了不少人的微信，朋友圈里有朋友、同学、同事、合作伙伴以及一些在日常生活中有密切往来的人。平时刷朋友圈时，也习惯了给每个人的动态底下点个赞。轻描淡写的一个赞，恰到好处地维系了彼此之间的交情，我们把这种关系称为"点赞之交"。

可是渐渐地，我们给好友们评论点赞的频率变得越来越低了。如今即便翻遍朋友圈，也很难找到一个愿意与自己互动和沟通的对象了。

相隔在人与人之间的，是渐行渐远的距离和陌生感。

我们各有各的生活圈子，各有各的人生际遇，那些曾经和我们有过频繁往来的人，因时间和环境的变化而渐渐失去了联系，感情也变得越来越淡。

刷着朋友圈的动态，今天看到这个老同学受提拔了，明天看见那位旧同事喜得贵子了，有时候也会想着给他们道贺几句，但一想到和对方再无瓜葛，这种客套似的恭维似乎意义不大，最终还是决定作罢。

如今，朋友圈里已经不只是亲密的身边人，更多的是那些在生命中来来去去的"路人甲"。

有些人似乎从来没有离开过，只是你再也不想这么言不由衷地附和他们了。对于那些久未联系的人，已经陌生到无论他们发了什么，你也不会去评论点赞的地步了。

村上春树说："你要做一个不动声色的大人了。不准情绪化，不准偷偷想念，不准回头看。去过自己另外的生活。你要听话，不是所有的鱼都会生活在同一片海里。"

不再主动打扰对方的生活，或许就是我们最后的默契吧。

你死在了我的聊天记录里

01_

记得有一年公司开年终总结会。

开会前几小时，我正忙着准备开会用的PPT，这时，微信里突然收到一个旧友发来的消息，他想找我聊聊最近发生的事儿。当时的我实在忙得无暇顾及，所以随手编了一条消息给他回复过去。没有标点符号，没有附带表情包，只是冷冰冰的一句"我在忙"。在对方眼里，似乎成了一种漫不经心的敷衍。

那阵子忙过以后，才想起旧友，于是便想约他出来聚餐，结果给他打了好几次电话也没有接听，给他发去的消息也是石沉大海。后来，在翻阅以往的聊天记录时，我才意识到问题所在：没有人希望自己的主动和问候被敷衍对待。

自那次聊天以后我们再未见面，估计我这旧友一直都对我当时的态度耿耿于怀。此后的日子里，我们渐行渐远，关系变得日渐冷淡。

不得不说，在社交网络中，人和人的关系变得脆弱不堪，一触即破。彼此只是凭着几行冰冷的文字在交流，看不到对方的表情，猜不透对方的心思。哪怕是简单的一句话或一个标点符号，不同的人也会有不一样的理解。

你很难确保发出去的每条内容都能精准避开对方的情绪雷区，所以在日常聊天中，误解常有发生，严重的甚至还会影响到彼此在现实生活中的关系。

02_

几个月前，我约了小南去吃日本料理。吃饭时，她发了一条朋友圈动态。后来，再翻看手机的时候，她突然暗骂了一句。

原来一个姐妹在吐槽她的拍照水准不佳，把寿司拍得跟一坨大便似的。她一气之下，就屏蔽了那个姐妹的朋友圈。

小南原本和这个姐妹的关系一直不错，两人还会时常约在一起逛街喝下午茶。没想到姐妹的几句留言触动了小南那根敏感的神经，让她感到特别厌恶和反感。

后来有一天，姐妹给小南发来消息，质问她为什么把自己屏蔽了。

她冷冷地回了条消息过去："我的朋友圈只展示给懂得欣赏我的人看。"

她们之间就因为这么一句话闹掰了。那次以后，小南再也没有见过那个姐妹。

身边还有另一个故事。有个姑娘，给一个暗恋许久的男生发去微信，因为对方迟迟没有回复，所以她开始胡思乱想，以为对方是故意不回信息，以致一夜未眠，睁着眼睛一直等到天亮。最后，她终于忍不住把对方拉进了黑名单，发誓再也不要跟他有任何往来。

原来男生那天只是因为在忙活好友的婚礼，没有及时查看手机，等到第二天闲暇下来看到信息后回复过去，屏幕上却出现了"消息已发出，但被对方拒收了"的提示。

生活中，诸如这种因为没有及时回复信息而闹翻的例子，实在是屡见不鲜。

03_

有一部分人，他们更习惯于微信语音跟别人沟通。

我有个要好的女性朋友，不时会发来段语音问候一下。她是做销售的，口才相当了得。相比起文字聊天，她更青睐于用语音来表达自己的想法。每次听她的语音消息，都会被她说的一些段子逗乐。

她本人非常喜欢微信语音这项功能，因为相比枯燥干巴的语言文字，语音能够让朋友之间的沟通变得更加有趣而融洽。

因为在每一条语音消息中，你都能感知到对方的情绪。每一个音节的起伏变化，都能传达出一些情感上的讯息，很容易就让他人产生深刻的情感共鸣，从而拉近彼此间的关系。

听着对方的语音，即便是相隔天涯，也会有他（她）就在身边的感觉。

04_

木心说：“他们终于觉得理解我了，于是误解开始了。”

人与人之间的沟通交流，常常会因为几条冰冷无趣的信息，变得敏感、猜忌，甚至默默地揣测起对方。

我见过不少人在微信群里因为别人的一句话而闹得不可开交甚至愤然而退群的，不得不说，在社交网络中，我们对他人的宽容程度远远不及现实中来得高。

在社交软件中，有时候你越想解释清楚，就越难解释，对方反而会觉得你是在故意添堵，因为你想要表达的，和对方所理解的，压根儿就是两回事。

如果有必要，不如直接打电话给对方，或约对方出来面谈。只有把你内心的感受以一种更加真实而有温度的方式表达出来，你们的沟通才会变得更有意义。

毕竟你们之间的情分，比那几条聊天记录要宝贵多了。

请别再给我发无效沟通的消息了

*01_*

周末同一个女性朋友喝下午茶，她反复地拿起手机解锁，然后又黯然锁屏，一副心不在焉的样子。

我关切地问她怎么了，她说刚给一个朋友发了"在吗"，却迟迟没有等到对方的回音。

我笑了，还以为多大的事儿呢。如果换了是我收到这么没头没脑的俩字，我可能也会不知该怎么回复。

她问我为什么。

我给她分析，对于那种还不大熟的朋友来说，收到这样的信息，肯定会有一定的心理压力。他们觉得你会有重要的事情求自己，而他们却又拿捏不准到底能不能帮助你，拒绝的话又不知以何种方式比较适合，所以，在你还没有表明来意之前，不随意搭腔也是很正常的。

听过我的一番话后，她好似醍醐灌顶，又发了一条信息过去跟对方说清了来意，对方果真很快就回复了。

所以，请不要再给我发送诸如"在吗""忙吗"这类试探信息了，我在不在和忙不忙，完全取决于你接下来要跟我说的事情啊！

02_

我有个朋友默默，近段时间来一直魂不守舍的。

他喜欢一个女孩，好不容易在一次朋友聚会上要到了她的微信。每次他想在微信上和对方打招呼时，心里总会有些忐忑不安。他一方面想和对方有进一步的交流，另一方面又怕自己发过去的信息打扰了对方。

他去翻女孩的朋友圈和微博，关注她的一举一动，分析她的兴趣喜好，胸中有千言万语，往往是写了又删，删了又写，最后只留下一句"在吗"。

很多人将"在吗""在干吗""哈哈哈，吃了吗"这些话理解为"我想你、我想你、我想你"。

他好几次鼓起勇气去约这个女孩，见女孩在微信上没有任何回应，心里便又打起了退堂鼓。

他躺在床上辗转反侧，每隔几分钟就看一眼手机屏幕，丢了魂儿一样。对女孩的思念之情不停地涌上心头，却又无处诉说。

东野圭吾在他的作品中这样描述单恋："明知没意义，却无法不执着的事物——谁都有这样的存在。"

当默默向我说起这件事的时候，我把他痛骂了一顿。

在女生眼里，你若是频频发"在吗"而又不表明来意的信息，很容易给对方造成一种"他是不是寂寞了才来找我"的感受。这时的她，完全有理由不予回应。

喜欢一个人，就不要小心翼翼地试探对方，而是用最直接的方式去传达你的心意。作为一个男人，如果连这点儿主动权和勇气都没有，那我劝你还是继续单着比较合适。

03_

如今，每当我收到那些不大熟悉的朋友发来的诸如"在吗""忙吗"之类的打招呼消息时，都会第一时间进入戒备状态。就这样简简单单的两个字，会给我增加不少压力。

"他是不是想找我借钱？"

"是向我推销业务吧？"

"闲着无聊想找我聊天？"

有时候拖着拖着，往往就忘了回复，还给对方一副"我很忙，没空理会你"的高冷架势。

你向对方抛出一句"在吗"，对方猜不透你葫芦里装的是什么药，不敢随便接下话茬儿，索性就噤声了，哪怕你下一句接的是"请你喝酒吃饭有空吗？哈哈哈"这种绝好福利。

我觉得在社交软件上的沟通，其实真的不需要太多的客套和铺垫，省掉那些你来我往的寒暄环节，直奔主题，把话直截了当地挑明即可，大家沟通起来也会更加便捷通畅。

在这个快节奏的时代，每个人都很忙，没必要让人费尽心思去揣测信息背后的深意，既影响了沟通效率，还耽误了彼此的时间。

聪明的人，都是那些最不愿意浪费时间的人。他们非常清楚只有与人方便，才能自己也方便。

当有人在社交软件上不断地确认你在不在却又丝毫不提及实质内容的时候，你大可以丢给他（她）一句："有事启奏，无事退朝。"

你忙吧，不用回我信息了

01_

今天和朋友小六共进午餐，她说自己最近好像喜欢上了隔壁部门的一个男同事，在公司的酒会上好不容易才要到了他的微信，前几天晚上给他发了条信息，到现在也没有得到任何回复。

小六说："他是不是没玩微信？还是手机没网了？怎么一直没给我回复，弄得我这几天总是拎着心肝，睡不安稳。手机要是有一点儿动静，就迫不及待地去解锁查看。我现在总算明白了，等待自己喜欢的人回复信息，真是一种煎熬。"

我笑了："傻姑娘，他不是没有看到信息，他只是不想搭理你而已。即使你耗尽了所有心思，不想找你的人还是不会来找你的。"

你若是给一个人发了信息，他隔了好几天都没有回复，只能说明你在他心里，就是个无足轻重的人。聊天记录往往最能反映两人之间的关系，谁是主动的一方，谁的态度冷漠无趣，瞬间就能一目了然。

在乎你的人不会让你等太久，而不想理会你的人，对你的主动和问候历来是无动于衷的。

02_

前段时间，公司来了个实习生F。

开会的时候，领导不止一次地提醒我们，一定要及时查看工作群里的信息，并做到及时回复。

有一次，公司临时接了个重要项目，领导在工作群里给每个人都布置好了工作任务。大家一一回复以后，都各自忙活去了，唯独实习生F一直没有回复消息。随后，领导电话打过去一通训斥，实习生F还很委屈地说她在忙着做PPT，消息是看到了，只是没空回复而已。她压根儿没意识到自己的问题。可能对于F来说，按时完成交付的工作任务才是首要的，至于回不回复信息，其实都只是小事而已，领导没必要发这么大脾气。

及时回复信息，让领导放心，是一种对工作负责的表现。或许她认为自己没有回复信息没什么问题，可是在别人眼中，她就是一个做事没有责任心的人。

实习生F因为不及时回复信息的习惯，给公司管理层留下了工作怠慢的坏印象。后来，当公司内部空下一个转正名额时，她甚至都没被列入考虑名单之内。

及时回复信息，是一种基本的礼貌，也是对他人最基本的尊重。

*03_*

东东说，有一次他给一个好久不见的旧友发信息，约他晚上一起吃饭，对方却没有回复他。东东本以为他在忙，想着对方过一会儿就会回复自己，所以没有特别在意。后来，东东在餐厅里一直等朋友的信息，等到很晚对方也没什么回应。

在等待朋友的过程中，东东想了很多，他是不是不屑和我吃饭？是不是觉得没有必要浪费时间和我维持这段朋友关系？终于，他忍不住给朋友拨了电话。朋友在电话那头漫不经心地说："信息是看到了，但是忙起来就忘了回复。最近几天都在加班赶方案，确实没时间。"

大概这个朋友并没有回复信息的习惯，看过的信息都用意念回复了，却从来没有考虑过发送者的心理感受。

那一刻，东东觉得心里特别不是滋味。即便再忙，也不会连看一眼手机屏幕，打个招呼的时间都没有吧。要是他不能赴约，给个明确的答复，真的没有太大关系。就这么一声不响，让别人费尽心思地猜测，那种感觉才最折磨人。

我特别欣赏一个长辈朋友，每次给他发信息，都能收到妥当的回复。有时候信息回复慢了，他会加上一句"抱歉让你久等了"。敲出这几个字并不费多少时间，却能让屏幕另一端的人心头一暖，明显感觉自己得到了对方足够的重视，这就是情商高的一种表现。

对于我们而言，重要的不是对方是否能做到"秒回信息"，而是他们到底有没有一颗愿意和我们沟通交流的心。

*04_*

你一定有过这样的体会：给微信里的人发了条信息，等了大半天，却迟迟等不来他的回复。

你开始为对方搬出各种各样的理由，或许他在开会，或许他在忙事情，或许他的手机没有开流量……对方拖延回复的时间越长，你的心情越是焦虑不安。

后来，刷朋友圈的时候看到对方回复了别人的动态，你才醒悟过来，原来他并不是没空回复我，只是我对他而言无关紧要罢了。

你删除对话框，放下手机，再也提不起和对方聊天的兴致了。

最令人难过的，莫过于对方连敷衍你的心思都没有。他不是忘了回复你，而是从来没有把你放在心上。

如果你给一个人发信息却迟迟得不到回应，那就不必再去打扰他了。因为他对你并不上心，你给他发出的每一条消息，向他传递的每一份真诚和善意，其实都没有任何意义。

我们的热情有限，一定要用在那些在乎我们的人身上。珍惜那些秒回你信息的人，因为他们心里有你，从来不愿意让你感到难堪和被忽略。而对话框里显示的"对方正在输入"的字样，就是他们对你最温暖贴切的回应。

时刻为他人着想，为别人考虑，才是一个人成熟的标志。尊重一个人，就从用心对待他的信息开始。

为什么朋友圈越来越没意思了

01_

最近，与几个朋友聊起微信朋友圈这个话题。有人说，好像最近越来越多的人都转为"潜水党"，不再热衷于发朋友圈了。

仔细想想，还真是那么一回事。点开部分人的朋友圈，最后一次更新时间好多都是在一两个月之前，有的甚至长达半年之久，也听到不少人说："感觉现在的朋友圈越来越没意思了。"

难道大家都不再沉迷于社交网络，通通回归到细碎的生活中去了？

两三年前，朋友圈里的内容可谓是缤纷多彩。很多人天天发动态，哪怕是一件平平无奇的小事，也恨不得发到朋友圈里，好让全世界都知道。打开手机，每时每刻都会有新的动态跳出来，就好像怎么也看不腻似的。要是长时间不刷一下朋友圈，仿佛自己和这个社会就脱节了似的。

外出吃饭，兴致满满地掏出手机对着桌上的菜色一通拍，然后迫不及待地分享出去；

出外旅游时，在朋友圈里发一组又一组的九宫格，还不忘在底下秀个定位；

男朋友送给自己一支口红或一个包，也要立马发朋友圈秀恩爱；

心情受挫了，在朋友圈里写一些矫情的文字发泄一通。

时至今日，大家对朋友圈里的各种内容早已审美疲劳。如今要是生活中没遇到一些特别重大的事件，还真不好意思随便发朋友圈了。

其实大家都活跃在线下，日子过得并没有什么不同，只是都不约而同地选择了不再展示自己的生活。虽然更新朋友圈的次数少了，但每天依然会抽出大把大把的时间来刷一下别人发的动态内容。

朋友圈本来是了解朋友们生活近况的一种途径，而今大家都因为自己各种各样的原因，变成了"潜水党"，疏远了彼此之间的距离。

02_

铃铛坦言，自己不爱发朋友圈，是因为朋友们已经很少给自己留言点赞了，所以也就没有了分享的欲望。

铃铛记得在微信刚刚普及的时候，她十分热衷于发朋友圈。每次她更新朋友圈，都觉得仿佛是受到了"全世界"的瞩目，往往动态上一秒刚发出去，下一秒就会冒出一大堆的点赞和留言。这个时候，铃铛往往会感觉良好，那种骄傲和满足感别提有多过瘾了。

如今，铃铛在朋友圈里发表的内容没了反响，怎么看都像是在自说自话。

经历了无数次从满心期待到失望的落差之后，铃铛也淡出了朋友圈。

对于这点，我也是深有体会。现今，在翻看朋友圈的时候，除非是特别要好的朋友发了动态，或是看到了一些感同身受的内容，我才会有所互动。除此之外的大多数时候，我刷朋友圈也只是粗略地一目十行，哪怕是别人花费了好大的心思才编辑好的一条图文动态，我也不会对此过分上心。

03_

莉莉曾经是朋友圈里的活跃分子，一天能发十多条动态。她对生活充满了无限的热情，有一段时间，她几乎每天早上都会准时在朋友圈里秀出各种颇具格调的早餐图片。

莉莉是我认识的人之中仅有的几个把朋友圈经营得很不错的人之一。她朋友圈里的每一张图片，每一段文字，都透露着满满的仪式感。

朋友圈对于莉莉而言就是一本公开的日记本，她每天在上面记录生活的琐碎美好，也会从平淡的生活中挖掘出一点儿诗意。她经常拉着朋友去探店。她爱自拍，会花上半天时间使用各种美图软件处理图片，让最后分享出去的照片呈现出完美无瑕的效果。

可是身边能真正懂自己的人太少，很多人总会觉得你凡事都爱瞎摆弄一番，浪费精力，其实并没有什么实际用处。

莉莉的一个同事曾这么评价她朋友圈里的那些精致美食："拍得再好看有什么用，吃进肚子里还不是一样！"

其实，莉莉更新朋友圈，只是单纯出于记录美好生活的本心，却不曾想屡屡遭到身边朋友们的误解，被恶意吐槽成爱显摆。到后来，她连发个动态都要顾虑重重，还总是因为那些不友好的留言而一整天都不愉快。所以，她不再那么频繁地发朋友圈了，屏蔽掉那些闲言碎语之后，反而乐得清净。

如果每个人都对那些自己看不惯的动态指指点点，那么总有一天，当我们随手点开朋友圈的时候，只会看到一片荒芜。

04_

听到身边人越来越多地抱怨：感觉朋友圈越来越没有意思了。

相信很多人都会对此深有体会。如今的朋友圈，更多的功能是分享一些行业信息，转发鸡汤文字和集赞投票。虽然还有朋友不时地分享自己的生活状态，但频率明显比之前低多了。

其实，越来越没意思的不是朋友圈，而是藏在屏幕后面的我们。生活还在继续，只是我们把那份对待生活的仪式感弄丢了。

如果对方是一个对生活抱有极大期待与希望的人，你一定可以从他（她）用心经营的朋友圈里察觉出些许端倪，因为这份对待朋友圈的热情，就是他（她）对待生活的态度。

尼采在《查拉图斯特拉如是说》中说："我们爱生活，并非由于我们习惯于生活，而是因为我们习惯于爱。在爱里面总有些疯疯癫癫，可是在疯癫之中也总有些理智。在热爱生活的我看来，好像蝴蝶和肥皂泡以及跟它们类似的人最懂得幸福。"

请珍惜身边那些还在孜孜不倦地发朋友圈的人吧！正是因为他们对生活的热情不减，才让我们平凡无奇的朋友圈多了几分鲜活灵动的色彩。

你真的不怕泄露自己的隐私吗

01_

朋友朵朵已恢复单身。

前阵子，朵朵刷朋友圈时偶然发现，男朋友不知道什么时候加了自己一个大学同学，还频繁地在朋友圈里跟她互动。

朵朵点开大学同学的朋友圈，几乎每一条动态下面都有男朋友的足迹，要么点个赞，要么评论几句。最让朵朵不能容忍的是，大学同学放了一张穿着比基尼躺在海滩上晒太阳的照片，男朋友在底下留言："约吗？"

她真不敢相信，外表老实的男朋友，私底下居然也有那么不为人知的一面。

可见，一个人的心思是可以从日常的一言一行中看出来的。

02_

听广告圈里的朋友讲过这样一个故事。

有人建了一个微信群，拉了一些广告同行。有一个"90后"的小年轻每天都在群里活跃地发言，吐槽自己的上司刻薄抠门，还时不时会拍一下别家广告公司老板的马屁。

有一次，这个小年轻在公司加班到深夜。为了宣泄压力，他打开手机，在群里噼里啪啦地开启了吐槽模式。他骂上司不是人，给员工们安排了一堆做不完的工作，自己却跑出去花天酒地。他还不停地抱怨自己命苦，钱少活多。

没多久，有人回了一句：既然你对工作抱有诸多不满，那明天就不用来上班了。

说话的人，正是这个小年轻的顶头上司。原来他一直潜伏在群里，只是从来没发过言。这个小年轻在群里骂过的每一句话，都被他看在眼里。

后来，小年轻被辞退了，在业内的名声也坏了。行内人都知道他抗压性差，而且还喜欢在背后嚼舌根，所以再也没人敢聘用他。小年轻在这行实在混不下去了，迫不得已只能选择改行。

03_

人际交往中有一个著名的六度空间理论。理论指出，你和任何一个陌生人之间所间隔的人不会超过五个，也就是说，最多通过五个中间人你就能够认识任何一个陌生人，这个理论也叫小世界理论。

关于这个理论，还有一个经典的故事。一家德国报纸接受了一项挑战，要帮法兰克福的一位土耳其烤肉店老板找到他和他最喜欢的影星马龙·白兰度的关联。报社的员工发现，这两个人只经过不超过六个人的私交，就建立了人脉关系。

原来烤肉店老板是个伊拉克移民，他有个朋友住在加州，刚好这个朋友的同事，是电影《这个男人有点色》制作人女儿结拜姐妹的男朋友，而马龙·白兰度主演了这部片子。

六度空间理论同样适用于所有微信好友。有时候，你翻朋友圈的时候会惊奇地发现，在你的人际圈内有交集的人还真不少。

公司主管和远房亲戚是十多年的老同学；合作伙伴与高中同学是拜过把子的兄弟；你的下属经常为你的竞争对手点赞；你一直暗恋的姑娘和大学时睡你上铺的哥们儿结婚了。

朋友圈就像一张错综复杂的人际关系网，将所有人笼罩其中。

04_

我有个朋友，一次去参加好哥们儿的生日宴会，被坐在角落里的一位姑娘深深地吸引了。那天晚上，两人有过不下十次的眼神交流。从偶尔交集的眼神中，他看得出来姑娘似乎对他也颇有好感。

我这朋友本想上前去和姑娘互相认识一下，可鉴于前阵子刚和前妻离婚，再加上身边相熟的朋友太多，怕遭来闲言碎语。所以，他踟蹰了一整晚，硬是没敢去向姑娘索要联系方式。

散场后，他失望地看着姑娘坐着别人的车离开了。

很多时候，我们身处熟悉的社交圈子之中时，为了维护自身的形象，往往会心存顾忌，不敢轻易去表达自己的真实所想。

在朋友圈里，只要细心观察，就能挖掘出各种各样的人的心声和秘密。我曾见过一个交情不深的女性朋友在朋友圈评论区里向她的好姐妹毫无保留地倾诉自己失恋以后的落魄与无助。有时候，我会不禁感慨世界实在是太小，缘分也太奇妙，看起来两个完全不同的人，竟然也会有交集。

正因如此，你就变得极其敏感，再也不敢在朋友圈里和别人互动，生怕自己一不留神就泄露了心底的秘密。朋友圈里有无数双看不见的眼睛，正在偷偷窥视着你。

不要随意评价别人的朋友圈，因为你永远不会知道，自己的那点儿小心思会被谁看透。

我从你拒绝的方式中看出了你的人品

*01_*

最近去档案局办事，一件小事给我留下了深刻的印象。

在排队等待办理业务的间隙，一个大学生模样的推销员走过来，向队列里的人群挨个推销一款清洁剂产品。不少人都摆摆手，婉言拒绝了他。他走到一名戴着金链的壮汉面前，还未来得及开口，就被壮汉吼住了：

"滚吧，最反感你们这种推销员了！"

声音之大，震耳欲聋，让人感觉整栋楼都在跟着颤动。

推销员当下脸色一红，忙不迭地向壮汉道歉，之后便匆匆离开了。看着他慌忙离去的背影，连我都能感受到他当时内心的窘迫和尴尬。

回看那名壮汉，嘴里依然不耐烦地嘟囔个不停，丝毫没感到自己的言行有什么不妥。

在生活中，每个人都难免会遇上些想回绝别人的时刻，但如何才能做到得体拒绝，给足对方面子，不让对方感到难堪，是很考验一个人的情商和素养的。

02_

朋友糯米跟我讲过她的职场经历。

有一次，经理带糯米去见一个客户，准备签订一份重要的合同。这个客户之前就一直对糯米颇有好感，经常在微信上给她发暧昧信息。酒桌上，客户喝得脸红脖子粗，开始对糯米进行言语上的挑逗，并紧紧握住她的手，暗示散场之后跟他一起走。

糯米一时血气上涌，想厉声喝止他，可理智告诉她，若是当下翻脸甩手走人的话，这单生意就泡汤了，甚至还会影响自己的前途。

于是，她平复了一下心情，说："李哥，我看您也喝多了，其实我心里一直把您当好哥哥看待。忘了告诉您，我已经有家室了。我的手机屏保就是我家宝宝的照片，您看长得像我不？"

话说到这，客户也只好松了手，转过头去继续和经理谈笑风生，把这事当作没发生一样。

自那以后，那位客户每次见了糯米都是彬彬有礼的，再也没有对她有过任何纠缠和骚扰。

03_

很多年前，看到过一个关于美国第十六任总统林肯的故事。

有一位妇人对林肯说："总统先生，你必须给我一张授衔令，让我的儿子成为上校。先生，我提出这一要求，并不是在求你开恩，而是我有权利这样做。我祖父在列克星敦打过仗；我父亲在新奥尔良打过仗；我叔叔是布拉斯堡战役中唯一没有逃跑的士兵；我丈夫则战死在了蒙特雷。"

林肯有些为难，他想了想，对妇人诚恳地说："夫人，我想你们一家为报效国家已经做得够多了，现在是把这样的机会让给别人的时候了。"

在这个故事中，面对妇人提出的无理要求，应该如何回应，着实考验一个人的反应和情商。

如果答应了她，明显不合规矩；若是拒绝了，又显得有些不近人情。林肯凭着他幽默、巧妙的回答，成功化解了这场尴尬，既婉拒了对方，又没有伤及和气，这就是一种情商高的做法。

之前，我一直在纸媒工作，因为外出采访的机缘，认识了一个在商会里从事文职工作的小姑娘。有一次和她喝茶，她跟我说了一个现象。

每次商会举办活动时，她都要提前打电话通知所有成员，以确定他们是否能够出席。而令她印象深刻的是，尽管经常会遭到拒绝，但每个人拒绝的方式都不同。如果是有着一定社会地位的大人物，他们大都会以温和有礼的语气跟她说明原因。而那些有着一官半职的会员则会非常不耐烦地挂掉电话，感觉特别不尊重人。

"温柔的拒绝远胜于严厉的苛责"，在不违背自己意愿的情况下，尽量把话说得诚恳、婉转，给人一种强烈的信服感，也是一种涵养。

04_

前阵子看热播剧《那年花开月正圆》，吴家西院小姐吴漪对泾阳县令赵白石可谓是一见倾心。某天，吴漪上门向赵白石道谢，并带来几道精心烹制的菜肴。这几道菜，全是用诗经里的爱情诗起名，意在向赵白石表明心迹。

面对吴漪含蓄婉转的告白，赵白石自然心里明白，可他早已寄情于心上人周莹。于是，他婉转地对吴漪说："在下天生鲁钝，于饮食一行也不曾有研究，实在是辜负了吴小姐的厨艺。不过，峨峨泰山，洋洋江河，假以时日，吴小姐定能找到知音。"

赵白石的这番话，既顾全了对方的尊严和面子，也很好地表明了自己的态度，两人的关系也因此有了回旋的余地。

从拒绝别人的方式中就能看出一个人的人品。当你想回绝别人时，言辞诚恳地表达出自己的内心所想，只要是一个明事理的成年人，就一定能读懂你话里的意思。坦诚待人，必要的时候给对方留足面子，这才是一个人成熟的处事方式。

尊重他人的人格，能设身处地地维护对方的体面，这大概就是生而为人最大的良善。

不要随便评论别人的朋友圈

01_

有一次，我和几个相熟的朋友出海游玩。

那天，阳光正好，海风轻拂，S小姐让同行的摄影师朋友帮她在海滩上拍了一组洋溢着浓浓艺术气息的照片。随后，她细心挑选出几张，加了滤镜，整合成九宫格发到了朋友圈里。

原本只是想记录美好的生活，没想到在回程的路上，S小姐被朋友圈里一个同事的评论气坏了。

我把头凑上前去，只见S小姐的朋友圈动态底下赫然有这么一条评论：只不过是去了一趟海边而已，有必要在朋友圈里刷屏吗？你真的好装。

S小姐和这位同事在微信上有不少共同好友，他们大概都看到了这条扎眼的评论，真不知道此刻的他们会怎么想。本来只是一条再正常不过的日常动态，却被人跳出来无端地指责了一番，想必谁的心里也不会好受。

S小姐越想越气，一怒之下把动态都删了，然后郁郁寡欢地坐在角落，不发一言，随后便拿起手机，将同事从自己微信里删除了。

02_

朋友圈是现实的缩影。我们会在这里如实地记录生活的点滴，分享自己的心情，却总会收到一些不怀好意的回复。发朋友圈是一种随性的事情，然而在某些人的眼里，却成了一种罪过。

有人在朋友圈里深夜晒美食，却总被吐槽菜色卖相难看，拍照技术不佳；上传了一张跑步记录截图，却被人奚落跑这么点儿步数还好意思晒出来；发了张用美图软件美白过的照片，有人在底下嘲讽修得太夸张；心血来潮地分享了一段鸡汤文字，却被人指责瞎矫情。

卑劣和无礼往往会包装成玩笑的形式，在他人毫无防备的时候迸发出来，把对方损得无言以对，颜面尽失。

在这种饱受质疑、不友好的声音面前，很多人都会顾虑重重，不敢随意在朋友圈发布动态，以免招致不必要的言语伤害。

其实，若是你不想看一个人的朋友圈，大可将其屏蔽，眼不见为净，没必要在别人的动态底下说那些尖酸刻薄的话。

不刻意讨好，不有意发难，彼此相互尊重，这才是朋友圈里正确的评论姿势。

03_

前阵子刷朋友圈的时候，看到朋友H发了条动态，另外一个共同好友随即在评论区揶揄了他两句，大概是评论内容激怒了朋友H，他噼里啪啦地反呛了回去。两人一言不合，在评论区里展开骂战，满屏的评论翻了好久才见底。

两人穷尽一切言语，言语粗俗且极具杀伤力，势必要让对方屈从于自己。一方觉得我发朋友圈碍着你什么事，不爱看大可屏蔽；另一方则指责对方过于"玻璃心"，区区一点儿玩笑都开不起。

有一句话是这么说的：成年人最大的自律，就是克制自己去纠正别人的欲望。

现实生活中，受到面子的约束，我们在与别人交往时或多或少都会规范自己的言行。可在社交平台上，一些人就会瞬间撕去伪装，化身"键盘侠"，肆意倾泻自己的情绪。人性的卑劣尽情释放，怨气就是这样在朋友圈里肆意传播的。

在社交网络上，我们更应该言行谨慎。要知道，你不经意的一句差评，可能会引起对方的胡乱猜测，成为双方关系恶化的导火索。

04_

美国歌手泰勒·斯威夫特曾经说过："我们不需要让所有人观点一致，但我们必须尊重别人，当你见到别人散布仇恨时，大胆地站出来，告诉他们仇恨会浪费你的生命，相信自己能让他们睁开眼睛，审视反省。"

　　朋友圈是用来展示私人生活和抒发心绪的，而不该沦为散播消极情绪的阵地。某些人习惯随意评判他人，遭到指责以后，还反过来埋怨对方"玻璃心"、情商低，压根儿没意识到自己不妥的用语对别人造成了伤害。

　　毕竟，我发朋友圈不是为了刻意吸引谁，也没有要讨好任何人的意思，纯粹只是为了取悦自己而已。

　　对于那些不理解你的人，解释再多也是徒劳无益，倒不如一键屏蔽之，让自己耳根清净。

最近有点忙，改天再约吧

01_

最近参加一次行业会议时，偶遇了久未见面的老同事H先生。

记得刚踏入职场时，我和H先生被分配到同一小组，经常一起彻夜加班赶方案，工作之余也会约在一起吃饭喝酒，颇有"革命战友"的情谊。

自从H先生跳槽到别家公司以后，我们就有好几年的时间没有见面了，平时在微信上也仅限于节日的相互问候，联系变得越来越少。

那天会议结束以后，刚好到了饭点，我便想约H先生吃个便饭，顺便叙叙旧情。可他却尴尬地朝我笑笑："待会儿还要回公司处理一些日常事务，咱们还是改天再约吧！"

当H先生神色匆匆地消失在我的视野里，那一刻，我的心里对彼此之间的关系已然有了定论。或许我们都心知肚明，"改天再约"只是一句拒绝的套话而已，大多数时候都意味着没有下文。

成年人有一种默契：相互疏远，然后悄无声息地消失在彼此的生活里。

02_

记得小乔曾经跟我抱怨过，她觉得自己的朋友越来越少了。

以前，姐妹们每逢周末都会约她一起出去逛街、看电影。前阵子，本来那天她也没什么事，只是出于"懒癌"发作，一想到出门一趟还要洗头、化妆，少不了一番折腾，所以想也没想就推掉了约会，宁愿一个人躺在床上刷一整天的手机。

她几乎每次都抱着这样的想法："没事，反正来日方长，和姐妹们少见一面应该也没什么关系吧！"难怪大家经常在群里嚷嚷道，小乔实在太难约了，要见她简直比见名人还要难。

因为小乔每次都会推掉姐妹们的邀约，所以后来当大家再次聚会时，都很默契地不再喊她了。如今即便她把通讯录从头翻到尾，却再也找不到一个能约的人了。

人与人之间最怕的就是疏远，很多感情若是不主动维系，慢慢就会变淡了。

03_

经常在朋友圈看到这样一句话："再不出来见面就要变网友了！"

有一天，我闲着没事整理了一下通讯录列表，发现通讯录里至少百分之八十以上的朋友很长一段时间不见面了。

许多朋友虽然居住在同一个城市，但是彼此之间似乎完全没有想见对方的想法，这大概也证明了，其实我们在对方的心里没那么重要吧。

之前，和一个旧友约好去海滩游泳，但总是会因为各种原因临时变卦：这礼拜要带他家的狗去看病，下礼拜要加班做PPT，再下礼拜要陪女朋友去购物。后来，等到夏天都过去了，我们甚至连一面都没有见上。

我们总说，我们很忙啊，我们要忙着上班，我们要忙着生活，我们要忙着陪伴家人……可是即便再忙，也不能作为忽略和疏远身边人的理由。我渐渐明白，世界上没有挤不出来的时间，只有不想赴的约。

有时候想想，其实"改天相见"这句话挺致命的，就是这么不温不火的一句话，让多少亲密友人最后沦为渐行渐远的陌路人。

大多数的"有空常联系"不过是随口承诺的一句空话罢了。人们在说出这些话的同时，已经下意识地把赴约与见面当成了一种负担。

因为我们心里都明白，没有意义的见面，只会徒增彼此不必要的生分和尴尬罢了。你一定不会让你在意的人等太久，即便再忙，你也愿意为他们腾出时间，把约见对方这件事排上日程，一刻也不想耽搁。

所以，比起"最近有点儿忙，改天再约吧"这句话，我更乐意听到的是："即使再忙，我对你也一直有空！"

好的关系，都是麻烦出来的

*01_*

前段时间去外地出差，在杭州转机。没想到当天航班延误，要第二天才能飞。

我百无聊赖地发了条朋友圈："看来今晚恐怕要在机场过夜了。"

5分钟后，就接到大学室友浩子打来的电话，他说自己正在去机场的路上，让我别走开。

见面以后，浩子请我吃了顿夜宵，还给我留下一串钥匙，让我待会儿到他的家去休息。

那天晚上，我们在大排档边喝酒边聊天。浩子开口便说："大老远跑来也不说一声，多见外啊！"

我说："看你的朋友圈，天天都在开会、赶方案、应酬客户，想着你挺忙的，所以不忍心打扰你。"

浩子跟我碰了杯，说了一句："你这么说就显得生分了，咱们都什么关系了？何必要跟我客气呢！只要你给我打电话，哪怕再忙我也愿意奉陪到底啊。你好不容易才来这一趟，咱们要是再不趁着这机会聚一聚的话，那以后见面的机会就更少了。工作以后，才发现那种纯粹、无关功利的友谊已经越来越难遇见了。真怀念上学的时候啊。"

我想了想，觉得他说得对。毕业以后，我和浩子各自忙碌，有好几年时间没见过面了，偶尔也只是相互在朋友圈里点个赞。如果再不制造机会见上一面的话，曾经的交情就慢慢变淡了。

武志红在《巨婴国》中说："很多人怕麻烦别人，但是，不麻烦彼此，关系也就无从建立。有这种麻烦哲学的人，难以发出对关系的渴望，所以势必会退回到孤独中。那么伸开双臂，如果你还想被拥抱的话。"

真正的朋友愿意在百忙之中抽出时间来帮你排忧解难，并且不问辛劳。

只要是合理的要求，其实都可以放心地向对方提出来。最怕是你不说，他也不问，多少关系就这样慢慢变得生疏，直到再也无法亲近了。

02_

我表姐是一个很怕麻烦别人的人。婶婶从小就教育她，要学会独立，任何事情都要想办法自己解决，不要事事都想着依赖别人。

因此，在潜移默化中，表姐总觉得求助别人是一件特别羞耻的事情。于是，小到拧瓶盖，大到搬家和找工作，她都自己一手包办，从来不去麻烦别人。即便是身边最好的朋友，表姐也几乎没有开口向他们求助过。

大概是因为表姐的个性太过于自立自强，所以年过三十的她还没有找到对象。

几年前，表姐所在的公司因经营不善，拖欠了员工好几个月的工资，表姐甚至一度连房租都付不起。可她又不好意思向身边的人借钱，便打算先搬离出租屋再说。

恰好这时，一个表姐一直把他当作大哥的男性朋友上门来借东西。大哥见表姐正在收拾行李，忙询问她这是什么情况。在了解了表姐搬家的原因以后，大哥二话不说，拿出手机就给表姐转了一笔钱，并告诉她，钱不用着急还，以后不管遇到什么困难都不要闷着不说，记得一定要第一时间告诉他。

听了这番话，表姐再也按捺不住内心翻涌的情绪了。她跑进厕所，眼泪哗哗地掉了下来。

亚里士多德曾说过："人是社会性的动物。人无法完全脱离社会而单独生存，你不想麻烦别人，就需要独自承担很多东西，包括挫败。"

其实，无论一个姑娘外表看起来有多坚强，当她遇到解决不了的问题时，内心深处一定会渴望得到他人的保护和安慰。表姐有幸遇到了一个能洞察她心理并愿意为她分忧的男人，心里自然满满都是感动。

后来，那位大哥成了我的表姐夫。

03_

中央电视台播过一则公益广告——《老爸的谎言》。

年迈的父亲为了不让出门在外的女儿担心，在电话中隐瞒了妈妈生病住院、自己独自照顾的事实。

每次看完这则广告，我都会感到一股莫名的心酸。

想起了前阵子在朋友圈里刷屏的一条新闻："南昌七旬老太自知身患绝症，为了不拖累子女，留下一封'诀别书'，带着几元零钱和安眠药，走入森林，结束了自己的生命。"

当发现老人的尸体时，子女们撕心裂肺地呼喊："妈妈，你从来不是我们的负担。"

记得曾经跟身边的一个朋友聊过这个话题，朋友也是忍不住感慨，像他们这种常年在外工作的人，一年到头并没有太多的时间回家探望父母，有时候真的觉得很对不起他们。

前阵子，朋友的父亲动了个小手术，一家人没敢把这事告诉他，还是他舅妈在电话里向他透了风声。听到父亲要动手术的消息，朋友立马向公司告假，赶回了家中。

手术完成得很顺利。之后几天，朋友一直守在床边端药倒水，悉心护理。父亲见了，总是连番催促他回去，怕耽误了他手头上的工作。

就连最亲密的家人，也对自己客气得像个陌生人。不管他们过得多不如意，都舍不得给子女们增添麻烦，这大概就是标准的中国式父母吧。

在生活与坎坷面前，父母应该学会适度示弱，把一部分的忧虑和难处分给儿女们，而儿女在为父母解决问题的过程中，也会有一种被需要的感受。

只有互相麻烦，才能增进家庭成员之间的了解，彼此的感情也才会变得越发稳固和融洽。

04_

曾经在朋友圈看到这样一段话："当孩子不再麻烦你的时候，他们就已经长大成人远离了你；当父母不再麻烦你的时候，可能已经不在人世；当爱人不再麻烦你的时候，可能已经去麻烦别人了；当朋友不再麻烦你的时候，可能你们之间已有了隔阂。"

罗振宇曾经在节目中回忆自己上大学的时候。当时，父亲对他说："爹妈再也帮不了你了，自己闯江湖去吧，送你四个字——学会求助。"

一个人的能力总归是有限的。当你遭遇阻力和困惑时，懂得开口向身边的人求助，其实是一种很了不起的智慧。

《礼记·曲礼上》有云："礼尚往来。往而不来，非礼也；来而不往，亦非礼也。"

彼此麻烦，有来有往，感情才能变得更深厚。千万不要让那种"怕给别人添麻烦"的心态成为阻碍你和他人关系发展的拦路石。

好的感情，都是互相麻烦出来的。偶尔向身边人求助，并不会换来他人的责怪和抱怨。如果你有这种想法，说明你对你们之间的这段关系并不自信。

信任你的人，从来不会拒绝你。当你有求于他们时，他们一定会毫不犹豫地赶到你身边。是啊，能被在乎的人麻烦和需要，本身就是一件让人高兴的事情。

一路上有你，就算被麻烦我也乐意——这就是陪伴的意义。